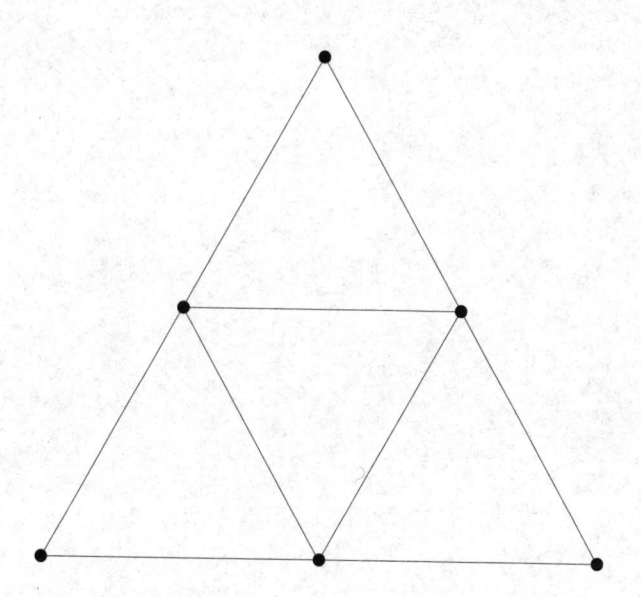

稳

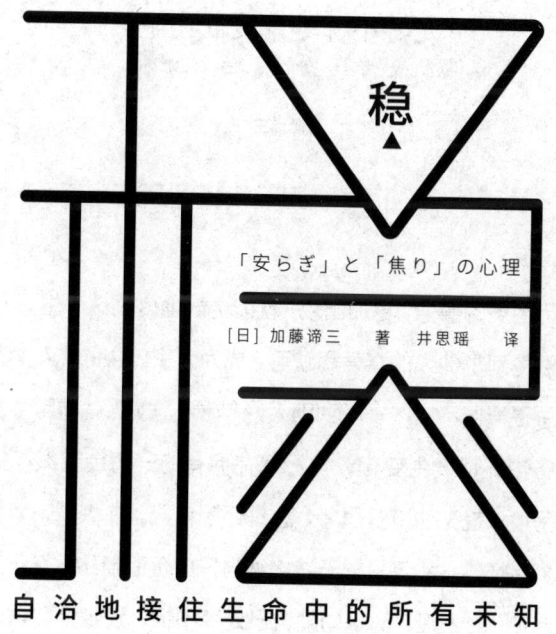

「安らぎ」と「焦り」の心理

[日] 加藤谛三 著　井思瑶 译

自洽地接住生命中的所有未知

中国水利水电出版社
www.waterpub.com.cn

·北京·

序

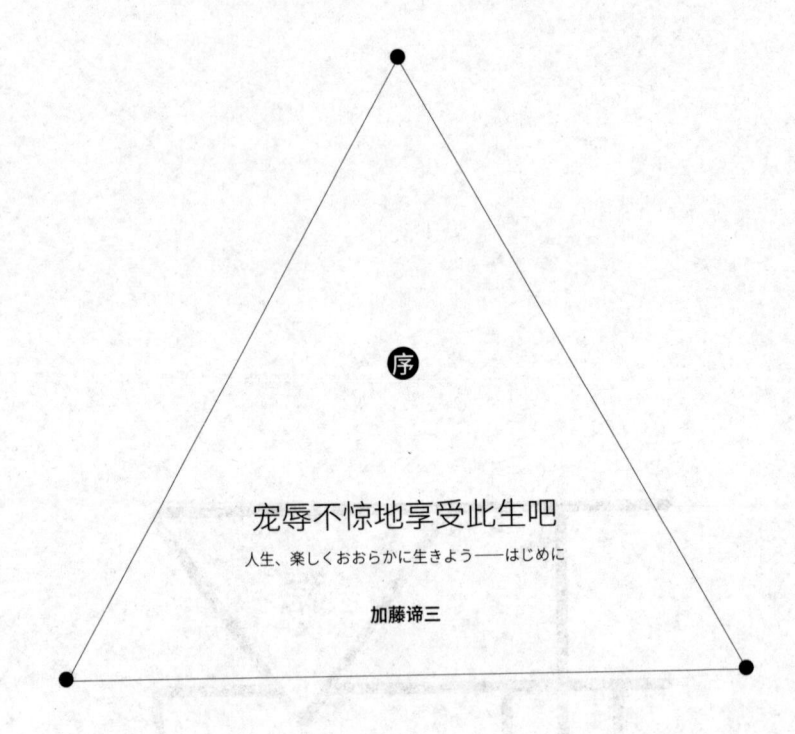

宠辱不惊地享受此生吧

人生、楽しくおおらかに生きよう——はじめに

加藤谛三

经历更多的事情,更加出色,就能更好地度过这一生吗?

已然得到了他人的喜爱和认可,成为大家口中的"人生赢家",可内心总是惴惴不安:一听到别人说"你机遇好"就非常生气,因为非常害怕环境发生变化,自己现在拥有的一切会突然不见;一旦陷入困境,就无法冷静思考,总是怀疑自己。在人前,擅长隐藏自己的真实情感,私下里却无法接纳自己的负面情绪,不允许自己有"不成熟"的表现,时刻勉励自己处变不惊,淡定地取舍,不要因为外界的一丝风吹草动就消耗掉大量的内在能量。

可究竟怎样,才能做到?

对此,我一直这样认为:做到源自内在的安全感和自我认同,即内在世界的稳定性和可容纳性,就能找到答案。

内在世界稳定了，无论遭遇什么，情绪都有足够的韧性，允许自己做个无力的人、悲伤的人、害怕失败的人，因为只有做到这样，才能不害怕，才有可能冷静下来，寻找解决的方法。

　　认同自己，是把自己当成一个足够大的容器，妥善地安置自己的情绪、优点和缺点，无论别人怎么评价自己都无法让自恋和自卑情绪伤害自己。

　　平静地观察自己和外界，当他人依赖你、讨好你、抱怨你、诋毁你的时候，跳出来看到更多的客观因素，坦然地就事论事。

　　站在新的角度看待自己和他人，让人与人之间的关系更有弹性，更经得起考验；不断创造新的可能，不被黑白对错、是非曲直束缚，做出最忠于自己内心的选择。

　　顺，不妄喜；逆，不惶馁；安，不奢逸；危，不惊惧。几千年来我们追求的就是内心的稳。正是这样的追求，让我们走到了今天。

目

第一章 / 001
正视自己的感受
就能化"焦躁"为"稳"

自分の気持に正直になると「焦り」は「安らぎ」になる

1·1 未被满足的"撒娇欲"会妨碍一个人的内在稳定 / 002
1·2 压抑"撒娇欲"会导致缺乏自我意识 / 009
1·3 试着接纳自己"原本的样子" / 016
1·4 过于追求"完美"的人容易得心病 / 022
1·5 在"真实"与"应当"之间分裂的自我 / 029
1·6 正视自己的感受才能情绪稳定 / 034
1·7 有得有失的交往才能增进人与人的关系 / 040
1·8 了解"真实的自己"会给你的人生带来改变 / 045
1·9 换一个目标会轻松很多 / 051
1·10 找到"合适的目标"才能确立自我 / 058

录

第二章 / 065
了解"弱小的自己"
就能化"焦躁"为"稳"

"弱い自分"の正体を知ると「焦り」は「安らぎ」になる

2·1 总是做"别人目光下的奴隶",就会生出自卑 / 066
2·2 "自卑会像弹簧一样越抻越长",是真的吗? / 070
2·3 自我保护过度的人都有不愿暴露的弱点 / 076
2·4 抛下恐惧那一刻,人才能变得自由 / 081
2·5 希望别人"属于自己"是一种错误的生活态度 / 086
2·6 对精神上的自律有益的事 / 092
2·7 渴望"威信"的人心理上是分裂的 / 097
2·8 克服自恋情绪,人就能自然而然地稳住内心世界 / 102
2·9 "没有意义的一天"能够让心获得安稳 / 107

第三章／115

了解自己与对方"内心的真相"

就能化"焦躁"为"稳"

相手と自分の〝心の真相〟を知ると「焦り」は「安らぎ」になる

3·1 要求"只有我最特别"的人是有问题的／116

3·2 "一言不合就变脸的人"想要的是什么／121

3·3 马上就去指责别人的人没有自我延展性／125

3·4 从对自我形象的热爱中解放出来才能开始新的人生／131

3·5 在工作中追求威信会导致错误的工作方法／137

3·6 喜欢工作或讨厌工作能够极大地左右人生／146

3·7 实现新的自我从脱离父母开始／154

第四章／163
"不勉强"的交往
就能化"焦躁"为"稳"

〝無理をしない〟つき合いで「焦り」は「安らぎ」になる

4·1　不要错误解读别人行为的意义／164

4·2　不要被对方"一体化"而失去了自我／169

4·3　从现在开始不要理会"窝里横"／174

4·4　"不强求、不勉强"是构建人际关系的基本／178

4·5　强加于人的"亲切"会适得其反／182

4·6　过于区分"里外"的人很难产生心灵上的交流／187

4·7　对虚伪的良心敏感的人，对真正的良心反而很迟钝／192

4·8　不刻意隐藏自己的"弱点"便能建立稳定良好的人际关系／197

4·9　相信自己的价值便能建立稳定良好的人际关系／202

4·10　不恐惧"他人的目光"便能建立稳定良好的人际关系／208

自分の気持に正直になると「焦り」は「安らぎ」になる

第一章

正视自己的感受
就能化"焦躁"为"稳"

1

▲

1

未被满足的"撒娇欲"会妨碍一个人的内在稳定

▲为什么会依赖父母——"安心"的构成

对于小孩子的成长来说最为重要的是，父母是否能够接受他的缺点、弱点，接受他不够好的那一面。小孩子软弱、利己、懒惰等"不够好"的部分，父母是否能够以"真拿你没办法"这种温柔的心情去接纳它，这将影响孩子今后性格的形成。

自己的"不够好"，是得到了父母"这也没办法"的温柔接纳，还是受到了斥责或侮辱，对孩子而言意义重大，因为没有什么事情能比被自己的"生命之柱"——父母惩罚更可怕。

弗洛姆［艾瑞克·弗洛姆（Erich Fromm, 1900年3月23日—1980年3月18日），美籍德国犹太人。人本主义哲学家和精神分析心理学家。］曾如此评价过这件事："……那种心情就像是被人硬塞进关着饥饿的狮子的笼子里，或是被人丢进满是毒蛇的洞穴中一样。"（《关于恶》「悪について」日版铃木重吉译,纪伊国屋书店）

也就是说，孩子对母亲的恐惧等同于这样的恐惧。虽然弗洛姆说的是对母亲的恐惧，但我们也可以理解为是对父母的恐惧。

于我而言，虽然不觉得自己得到了多少母亲的理解，但是我并不害怕我的母亲，反而我非常恐惧自己的父亲。

而我也确实做过如弗洛姆所说的那般被毒蛇追赶的噩梦，或是真如弗洛姆所写的那样被人扔进满是毒蛇的洞穴中的噩梦。梦中的我想要逃跑，却连落足的地方都没有。

那种恐惧感很难用言语去表述清楚。不只是蛇，我还曾做过自己被关进飞舞着数千只熊蜂的箱子里，或是要被恶犬咬到脚却动不了之类的噩梦。

现在想一想，正如弗洛姆所说的那样，这些梦表现出了我心中的依赖与恐惧，同时也是我内心无力感的一种体现。

"对母亲有情感固着（固着在心理学上，是指一种对刺激的保持程度，或不断重复的一种心理模式和思维特征。根据弗洛伊德的理论，如果在性心理发展的某个阶段得到过分的满足或者未被充分满足，就会导致固着，固着将导致无法正常地进入性心理发展的下一个阶段。）的人，会给类似于异常依恋关系这种情感关系找合理化的理由。例如，他们会认为自己的使命就是为母亲服务，或是觉得母亲太辛苦了，或是认为母亲是这世界上最伟大的人，等等。假如情感固着的对象不是母亲个人而是国家的话，其合理化的过程也是一样的。"（《关于恶》）

因为对母亲存有情感固着，所以会把这种依赖合理化。那这个人这般服从以及服务于母亲的根本原因究竟是什么呢？

追根究底，这个人只能通过得到母亲的认可来获得满足感。比起其他人的认可，母亲的认可更能让他获得满足。这便是对母亲的心理依赖。

当然并不是说母亲以外的人的认可不会让他感到高兴。但是，他最想要得到的实际上是来自母亲的认可。正因如此，他才会倾尽所有地为母亲服务。

自己活下去的动力，全部来自那个人的肯定。换一种说法就是，极度恐惧来自那个人的侮辱或责罚。

从共生的情感固着中脱离出来、自我独立则意味着不再会那么重视那个人的评价，也就是说他找到了其他更让自己感到满足的东西。

▲小时候的"撒娇欲"是否得到了满足

小的时候没有办法撒娇的人，无论长到几岁，心底都会留有撒娇的欲望。就算他觉得自己不会有像三岁小孩那般的撒娇欲，但它一直残存在潜意识中。并且，正是这种欲望支配着他的所有行为。

幼儿在想要撒娇的时候能够撒娇，才会建立起归属感，才能获得心理上的安定感。当幼儿的一体化愿望得到满足，也就是可以安心做自己时，就会培养出归属感。心中有归属感的人是不会为了进入某一个团体而去牺牲自己的，也不会试图去紧紧抓住某个人。

在这个世界上，有些人会为了紧紧抓住某个人而牺牲掉自己的感受、自己的想法、自己的活法。也有些人会为了进入一个团体而牺牲掉实现自己的潜在机会。有的人甚至会为了紧紧抓住一个人而不惜否定自己的天赋。不仅如此，有些人为了抓住点什么东西不惜去做那些完全不适合自己的事情。

这些都是小的时候没有获得归属感的人，都是在小时候没有让撒娇欲得到满足，心底充满孤独感的人。撒娇欲得不到满足大多是因为在小的时候自己不得不去迎合别人的期待所造成的。

这样的人，为了得到别人的接纳与认可，会愿意做任何事。他在与别人意见相左或对立的时候会感到恐慌，宁愿抛弃自己的意见。他们表现出的勤勤恳恳、认认真真的样子，也不过是为了得到他人的认可罢了。

如果小时候的撒娇欲得到了满足，心中便能有归属感，心里就会感到安稳。撒娇的欲望以及幼儿时期的一体化愿望是否得到了满足，对这个人今后的一生都有很大的影响。如果一个人的撒娇欲得到了满足，就说明他小的时候无须看父母的脸色行事。

假设一个人任性的撒娇欲没有得到满足，当他长到十岁、二十岁还有三十岁的时候会怎么样呢？当他二十岁的时候，他便会压抑自己撒娇的欲望。他不能像三岁的孩子那样率直地表达自己的欲望。这种未被满足的撒娇欲会一直束缚着这个人。

一般人在十五岁前后，会产生离开父母自己独立的愿望。到二十岁又会产生二十岁时的合理愿望。但是撒娇欲没有得到满足的人，十五岁的时候无法意识到自己想离开父母自我独立的愿望，当他到二十岁时也做不出符合自己愿望的行为。他会在潜意识中阻止自己去做符合自己愿望的事，而从中作祟的正是三岁时没有得到满足的撒娇欲。

这里有一点常常被大家误解，作为母亲为孩子包办所有事情，并强求孩子认同这是母爱的做法，是母亲在向孩子撒娇的一种表现，并且这也是在压抑孩子的撒娇欲。

▲为什么会做"逃跑的梦"

我在青年时期经常会做这样的梦。

梦中我拼命地想要逃跑，但是双脚像是被固定在了地上，想动却动不了，身体也完全不能像白天那样轻快地行走或奔跑。

明明拼命地想要逃跑，身体却沉重得连迈步都要使出九牛二虎之力。于是我就用尽全身力气，让像是注了铁水的脚一步步地向前挪动。但是真的很痛苦，那种痛苦会让我一下就醒过来。醒过来后觉得全身像是被绑着一样非常沉重，手脚发麻。

当时我不明白自己为什么总是会做这么痛苦的梦。如今想来，我大概是在潜意识中拼命地想要逃离我的父母吧。

撒娇欲完全没有得到满足的我，心底一直残存着撒娇的欲望。或许紧紧束缚着我不让我逃离父母的，也是我心中的撒娇欲吧。在梦中想要逃离时双脚如铅般的沉重感，其实就是撒娇的欲望吧。

我当时的生活就像这个梦一样。当时的我没有明确意识到自己的愿望。而潜意识中想要按照自己的愿望去行动时，撒娇欲便会妨碍我。

我追求着含糊的名望。在美国精神分析医生乔治·温伯格[乔治·温伯格（Weinberg George H, 1929年5月17日—2017年3月20日），美国知名心理学家，他所出版的12本书已被翻译为23种语言，对于心理学有重大贡献。]的著作《顺从的动物》中有这样一句话："名望是爱的伪装。"好像是出自一位名叫雪莉的诗人的诗。

因不能撒娇而滋生出的自我价值感的缺失一直在心底困扰着我。为了克服这种自我价值感的缺失，名望成了我的一根救命稻草。

撒娇欲得到了满足，也得到了母亲的关注的人，会觉得自己无须与众不同也值得被人爱。但是，没有得到过母亲的关注的人，会认为自己不值得被爱，所以会去追逐名望，为了名望会不惜牺牲自己的柔软性、创造性。

刚刚提到的《顺从的动物》一书中记述了这样一位患者："过于重视工作结果，但在执行时却不会付出全力。"这位患者之所以变成这样，也是因为自我价值感的缺失。他所关心的并非工作，他只是想通过提高业绩来获得旁人的关注罢了。

人们经常说，结果不重要，重要的是过程。大多数人都是这么想的吧？我也是这么认为的。虽然会这么想，也会引导自己这么做，但往往人就是会在意结果。

这是因为获得好的结果能够暂时消除自我无价值感，获得了一时的关注罢了。

1

▲

2

压抑"撒娇欲"会导致缺乏自我意识

▲人类最基本的欲望——"撒娇"

"想要撒娇"是人类最基本的欲望。但是小时候和患有神经症的成年人生活在一起的人的撒娇欲是得不到满足的。如果父母是患有神经症的人，他们不会允许孩子撒娇。孩子撒娇的欲望会遭到否定。因为父母自身想要得到奉承、关注，所以无暇顾及孩子想要什么。于是孩子就在撒娇的欲望没有得到满足的情况下长到十岁、二十岁、三十岁。

长成三十岁的成年人，心里却残留着三岁孩子的撒娇欲。这个人在社会层面、肉体层面都已经是三十岁了，所以他不能像三岁小孩那样行动做事。周围的人是以三十岁成年人的标准在要求他、对待他。但是，这个人却无法拥有三十岁成年人的情绪，他的情绪有时候会像三岁孩子一样不稳定。

所以，他会表现出像三岁小孩那样的不满。三岁的孩子爱撒娇，认为世界都围着自己转，会要求母亲关注自己，认为周围的人都应该在第一时间满足自己的欲望。

三岁的孩子在这些要求得不到满足时会感到不满。但是，普通的三十岁成年人不会因为这些任性得不到满足就感到不满。或者说，普通的三十岁成年人不会有这样任性的欲望。而因为父母的神经症，小时候撒娇的欲望没有得到满足的人会因为他人对自己的态度不好，就马上感到不满，尤其对那些能够表达自己内心的人，会马上产生不满情绪。

要求一个三岁的孩子按照三十岁成年人的标准去行动是

不可能。期待一个三岁的孩子具有三十岁成年人的心理素质也是不可能的。对大人来说不会感到受伤的事，三岁的孩子却会感到受伤。

但是，三十岁的成年人不可能像个三岁的孩子一样又哭又闹，也不可能像三岁的孩子那样发脾气了就乱丢东西。那么三十岁的成年人该怎么办呢？他们会气鼓鼓地表达不开心。就像三岁的孩子不被哄着就会觉得没意思一样，那些撒娇欲未被满足的三十岁的成年人如果不被别人哄着也会觉得没意思。

在这个三十岁的成年人的潜意识中，压抑着名为撒娇的基本欲望。他本人意识不到自己有着如同三岁小孩的撒娇的欲望。就算让他回顾自己的童年，意识到自己的父母患有神经症，他也会觉得就算自己的撒娇欲没被满足，自己也这么过来了。但实际上，这个人在潜意识中会受到心底残留的撒娇欲的控制。也正因如此，才会有那些不明原因的不高兴。自己都不知道该拿自己怎么办，这也是因为这个人受到了在潜意识中压抑着的撒娇欲的影响。

▲"三十岁像三岁一样"的人的成长期有什么特征？

人们常说，成年人就是要能够控制自己。我也如此认为。能够控制自己的人，都是潜意识中没有压抑欲望的人。而无法控制自己的人，都是在潜意识中残存着小时候没有得到满足的基本欲望的人，他们在潜意识中非常固执地想要满足自己那些未被满足的欲望。

已经成为三十岁的成年人，步入社会，所以在人前不得不装出三十岁成年人的样子。然而，伪装得再好，他们依然摆脱不掉潜意识中的欲望。

窝里横的人，大多是这样的。在家人、爱人面前，一个三十岁的人哭得像个三岁的孩子一样当然很没面子。于是他们就会给自己的委屈和不满找各种理由，这不过是为了让自己有面子。他们会想尽办法去弥补自己小时候压抑的欲望。但是，碍于成年人的脸面，三岁孩子般的撒娇欲很难得到满足。如此一来，他们便会总是耷拉着脸，表现出一副不高兴的样子。

这也会让周围的人感到困扰，毕竟他已经三十岁了，而非三岁的孩子。三十岁的成年人不同于三岁的孩子，他们拥有成年人的力量。三岁的孩子想要满足撒娇欲时，周围的人会因为他很弱小而不必感到害怕。但是三十岁的成年人既有力气又有头脑，所以他周围的人都会感到苦恼。

此外，三十岁的成年人还有三岁的孩子所不具有的肉体上的欲望。于是这个三十岁的成年人会用三岁孩子的办法去满足自己的欲望。

我曾做过电台节目《电话人生咨询》，有很多这类的咨询案例。有个妻子打电话来，说她的丈夫在外面找了很多情人。她的丈夫竟然要求她"你要更爱我、更包容我"。他不喜欢妻子责难他有情人，反过来还要攻击他的妻子。

人在小的时候让撒娇这种基本欲望得到满足的话，就能够对其他事物产生兴趣，便能够具有自主性。自主性这种高层次的欲望，是要在满足了基本欲望之后才会激发出来的。但是，三十岁还留存有三岁孩子的撒娇欲的话，就不会对其他事物感兴趣，也不会有进一步想要做点什么的自主性，更不会去挑战未知事物。他总是等着别人为自己做点什么，他绝不会改变自己被动接受者的姿态。

　　就算是在社会上有头有脸的人物，心中压抑着基础欲望的人，也会在某一处保持着他被动者的姿态。他们无法自己做出决断。像这样的人，他们在外会为了他人的愿望而行动，在内会因为自己潜意识中压抑着的基本欲望而行动。

　　他被紧紧拴在了比较低级的成长阶段。他不光是心底残留着小时候的欲望，并且在表面上还不能遵从这种欲望。

▲越是对自己很执着的人越是没有自我

　　人会压抑很多东西。例如压抑自己对父母的恐惧，压抑自己对他人的攻击性，或是压抑撒娇这种最基础的欲望。小时候能够黏着母亲撒娇的人，撒娇这种基础欲望得到了充分满足后，他们会开始去追求更高层次的欲望。能够黏着母亲撒娇意味着非常信赖自己的母亲，可以安心地在母亲面前表现自己，意味着不用担心母亲会抛弃不是"好孩子"的自己。但是，小的时候，因为母亲患有神经症或是其他原因没有办法向母亲撒娇的人，他的撒娇欲会一直留在心底，直到他长大后用一张三十岁成年人的脸去生活。

从欲望充足到越来越习惯于放弃欲望，一个人会变为神经症性的妥协。但是，他就算长大成人，也会如同小孩子一般，在心底渴求他人无私的奉献。这全都是因为他对自己未被满足的欲望的固执。这被称作自我偏执型人格。我们常说的"我执"也是这个意思。所谓的"我执"，就是指偏执地满足小时候想撒娇的基本欲望。

希望他人向自己敞开心扉，希望在人际关系中让他人主动亲近自己，绞尽脑汁地要求人际关系变得亲密，都是小时候没有办法黏着母亲向母亲撒娇，这种小时候的欲望残留在心底的缘故。

三岁的孩子希望周围的人都关注自己，并以自己为中心去行动。这种欲望没有得到满足而长大的人，很容易以自我为中心，如果别人不以他为中心就会感到不爽。这样的人就算成年了，还是会想拥有大家都围着他转的人际关系。反之，成熟的人，就算自己不是群体的中心，也能微笑着感到满足。

三岁的孩子在得不到关注时会愤怒地咬对方。但是，三十岁的成年人当然不能这么做。于是，他会把没有得到对方关注的不满，变为各种看似有理地找碴儿去纠缠对方。

对人际关系总是感到不满的人，应该先反省一下自己，心中是否压抑着撒娇的基本欲望。如果撒娇欲没有得到允分的满足而选择了放弃这种欲望，那是很勉强的。正因为这种勉强，才会在成年后对人际关系有诸多要求，然后因为别人达不到这些要求而总是感到不平与不满。

从压抑着撒娇欲这点来看，自我偏执、我执、缺乏自我是相同的。撒娇这种基本欲望没有得到充分满足而被强制放弃——于是就压抑了这种基本的欲望——但是人会在潜意识中执着于满足这个欲望，这就是刚刚所说的自我偏执以及我执。并且因为基本欲望的不满足，无论到何时，与之年龄相应的高层次的欲望、愿望都不会自然地出现，于是就导致了缺乏自我。

害怕意识到自己真正的欲望而去压抑欲望的人，容易患上神经症。

不敢正视三十岁的自己真的会有这样的欲望，不愿意相信四十岁的自己希望别人能溺爱自己，这么做是在拒绝接受重要的真实的自己。

于是就会患上神经症。

1

▲

3

试 着 接 纳 自 己 " 原 本 的 样 子 "

▲"撒娇欲"如果没有得到充分的满足，就会对自我期待过高

撒娇这种基本的欲望若想要通过保有成年人的面子的方法去满足的话，就会变为对自我的非现实的期待。

有一种表现被视为抑郁症的病前性格特征之一，即非现实程度的自我过高要求。卡伦·霍妮〔卡伦·霍妮（Karen Danielsen Horney, 1885年9月16日—1952年12月4日），医学博士，德裔美国心理学家和精神病学家，精神分析学说中新弗洛伊德主义的主要代表人物。〕认为这也是神经质要求的特征之一。在这些疾病的治疗中，最重要的就是降低对自己的要求标准。但是，苦于自卑感的人，不用别人对他说便会对自身抱有不切实际的要求，而达不到自己不切实际的要求时便会感到异常痛苦。这些人常常对自我的评价会非常低。

那么为什么他们无法降低对自己的要求呢？我认为这是因为未被满足的撒娇欲在其潜意识中支配着他，让他对自己有过高的要求。虽然想降低对自己的要求，却又强迫自己不能那么做。苦于一些强迫症的人，在其潜意识中，其实是想要固执地去满足自己心中的某个欲望。

具有抑郁症病前性格特征的人，尽管再疲劳也无法放下工作去休息。其实他自己也很想休息，在时间上也有休息的可能，但他就是不会去休息。尽管他心里非常明白，适当地离开工作，休养生息，更能够提高自己的工作效率，也想去那么

做，却无法对工作放手。

基础欲望没有得到满足的情况下成长起来的人，在其潜意识中，会一直固执地想要去满足那个欲望。三十岁的成年人想要在保证三十岁人的面子的基础上去满足三岁孩子的欲望，就无法降低对自己不切实际的高要求标准，就算再累也无法离开工作。

这一类"虚拟"成长起来的人，很容易成为过劳症的预备军。

实际上他们心中想要撒娇的欲望没有得到满足，但是他们却认为自己心中没有这样的欲望，并且装出一副没有的样子。这些人为了不断压抑自己心中升起的欲望，便不得不让规则意识变得非常强大。

▲不要强求"没有的东西"而毁掉自己

基本的撒娇欲没有得到满足所带来的悲剧不止于此。

例如抑郁症患者的思考方式，就是以"没有的东西"为中心在其周围转来转去，然后会感叹，自己"没有这个""没有那个"。"没有"这种意识会滋生出寂寞感。他们会夸大自己"没有的东西"，对自己"没有的东西"产生过度反应，稍微有一点失败便会意志消沉。其实那样小小的失败马上就能修正过来，他们却认为那是无可挽回的失败。

那么，他们为什么会对自己"没有的东西"有过度反应呢？为什么会执着于自己"没有的东西"呢？这其实都是不切实际的过高期待自己所产生的结果。

期待不可能的事情，同时也是在否定自己生来所具备的东西。感叹自己要是亚历山大大帝的话就好了，只会浪费掉这个人与生俱来的天赋。被"没有的东西"所困，便会失去把能量用到真正能实现自己可能性的东西上面，会把所有的能量都浪费在去实现不切实际的过高的自我期待中。

美国的女心理学家卡伦·霍妮在著作《神经症与人的成长》中对神经症患者所追求的荣誉有如下描述："The energies driving toward selfrealization are shifted to the aim of actualizing the idealized self."

也就是说，他们不会在实现真实的自己上使用能量，而是执着于与真实自我无关的理想上，在这件事情上消耗能量。

然后因为这种能量的使用，他的人生将远远偏离其自然的轨道。

瑞士哲学家卡尔·希尔逖〔卡尔·希尔逖（Carl Hilty, 1833年2月28日—1909年10月12日），瑞士宗教哲学家，国际法大师。主要著作有《幸福论》《不眠之夜：360个人生意义的思索》《书简集》等。〕在他的著作《幸福论》中写道："我做了所有我力所能及的事。现在我感到解放了，肩上的担子没有了。就像是还完了所有欠款的人那样轻快。"

"如果你希望你的妻子、你的朋友获得永生，那是多么的愚蠢。因为你盼望的是你所没有的能力，你想获得的是不属于你的东西。"

确实，神经症患者想要获取的就是不属于他的东西，同时他失去了本该属于他的东西，从旁观者的角度来看就知道这有多愚蠢。其实他本人也明白这是愚蠢，但他却没有办法。

我们来整理一下：基本的欲望没有得到满足→对自己有不切实际的要求→执着于"没有的东西"而丢失了真正的自己。大概就是这样一个过程。

▲"原本的自己"本可以更好地生活

有些人因为自己嘴笨所以不愿意与人交往。但仔细探究的话会发现，他可能心底想要的是被别人宠着的人际关系。归根结底，问题还是存在于他的潜意识中。

"所谓的活得好，其实是接受原本的人生、接受原本的自己、接受原本的结果，抓住机遇做自己力所能及的事，并满足于其结果。"西伯里〔大卫·西伯里（David Seabury, 1885年—1960年），美国知名心理学家，著述丰富，其作品有：《生而快乐》《如何成功地焦虑》《贴近生活》和《保持智慧》等。]如是说。

会执着于自己"没有的东西"的人，在其潜意识中一定有问题存在。那些总是执着于自己"没有的东西"的人，在成长过程中大部分是与具有神经症倾向的人有过过多接触。

西伯里有一本书名为《如何成功地焦虑》，在此书中他写道：患有神经症、经常感到不安的人，在判断别人的行为时是非常绝对主义的。总是和完美做比较的话，我们大多都是输家。

He makes you feel you must achieve the impossible.

确实，患有神经症的人对待他人时，总是想让人完成根本不可能实现的事情。

上文中的He指的是不安的人。而最为关键的是，这个患有神经症的人并不真的爱你。

我们做的事应该是自己力所能及的事，并且不应该认为是别人该做的事。然而，和患有神经症的人相处太久的话，自己也会具有神经症的倾向，便会想去做一些不可能的事。并且，实际上在做的都是非常自私任性的事。

1

▲

4

过于追求"完美"的人容易得心病

▲"爱自己"还是"自我欣赏"——对自恋者的看法

我反对将自恋 (narcissism) 翻译成爱自己,这种翻译很容易引起误会。

爱自己是一件很重要的事。不会爱自己的人也不会爱别人。人只有懂得重视自己才会重视别人。憎恶自己的人,没有办法和别人好好相处,憎恶自己的人也会在不知不觉间憎恶别人。

无论是弗洛姆、温伯格还是西伯里都强调过这件事。我也是一遍又一遍地在主张这一观念——"只有爱自己的人才会爱别人"。

那么,自恋的人又是如何呢?自恋的人不会爱别人。实际上自恋的人也并不真的爱自己。

我认为自恋应该翻译为"自我欣赏"。日语中有很多翻译过来的外来词汇,但没有比自恋一词翻译得更为奇怪的了。

我们来看几个弗洛姆曾遇到过的自恋型人格的例子吧。

有一位女性,每天都要在镜子前花上好几个小时整理自己的头发和妆容。这是因为这位女性被自己的身体所迷住了吗?按照弗洛姆的话说,这是因为自己的身体是自己所知的唯一的重要外在表现。

此处弗洛姆引用了著名的希腊神话纳西索斯的故事。他认为希腊神话预示了极端的自恋者最后会导致自我毁灭。

我认为此处与其说是"爱自己"不如说是"自我欣赏"更

为贴切。

还有一个例子。这个例子卡伦·霍妮也在书中提到过。

有一个人给医院打电话说希望医生尽快为自己诊断,自己现在马上就去医院,就算医生说现在没有时间,这个人也像听不明白一样。

对于这个人来说,他的脑子里只有"希望得到医生诊断的愿望"和"自己有时间去的事实"这两件事。在他的视野里,只有这些。他无法意识到别人的现实和自己的现实的差别。

卡伦·霍妮将这个例子归类为自我中心主义(egocentricity)。我认为这既可以说是自我中心主义,也可以说是重度的自恋,如果说成是"爱自己"就很奇怪了吧。

对于这个人来说,只有自己的时间是重要的。如同幼儿一样,幼儿不会等待也理解不了别人是否方便。幼儿做了什么就会想"我是不是很厉害",会如此自我欣赏。

还有些人这样形容自恋者:对别人的排泄物会表示反感所以不会去看一眼,但是对自己的却一定会在冲掉前看一看。

当然"爱自己"这种翻译大概是参考了弗洛伊德所说的,人类在找不到性冲动对象时,会将冲动朝向自己的这种说法吧?

如果找不到除自己以外可以爱的对象的话,能量可能会改变方向,但我认为这个时候的能量其实已经变质了。这时候与其说它是爱，不如说它是一种粘连性质的东西更为贴切吧。

人的能量只有在对除自身以外的外界对象时才应称之为能量。就算弗洛伊德所说的当找不到外界的对象就会转向自身是对的，那也已经是一种扭曲了的能量了。

▲为什么他会对外界变得不关心了呢？

那么，如何让心里的能量率直地向外释放呢？如何才能对外界产生真正的关心呢？

我认为，如果想要有对外界的关心，首先要做到的是要相信自己。小时候开始便无法相信自己的人，也就是没有得到过父母信赖的人，这样的人心里的能量无论如何也无法朝向外界的对象，因为他们恐惧。他们害怕把关心从自己身上移到外界的对象身上。把注意力转移到外界的对象身上，对他们来说就如同陷入真空中一样恐怖。

就像是嫉妒一样，自己心中的什么东西会一直妨碍自己将关心朝向外界对象。我之所以说朝向自己的能量不是爱而是某种粘连性质的东西也正因如此。

自己没有得到爱，没有得到信赖，这并不是你的责任、你的过错。父母生性多疑绝不是孩子的过错，而父母这样的性格正是孩子不幸的原因。

如果父母与子女间过于亲昵，或是过于放任，孩子便无法培养起自己的感受能力与思考能力。而其结果就是无法对外界的事物产生关心。

孩子需要周围亲近的人对他施以善意,需要别人给他去尝试新鲜事物的勇气。如果一个孩子在成长过程中没有得到尝试新鲜事物的勇气,也没有拥有自己感受事物的自由,那么他又如何能将自己心中的能量朝向外界呢?

自卑感和自恋纠缠在一起,他就会想变成"比其他人都优秀的闪闪发亮的人"。对于他来说理想的自己就是"比其他人都优秀的闪闪发亮的自己"。于是他为了实现这个理想中的自己会非常辛苦地与生活缠斗。

▲过于追求"完美的自己"的悲剧

有一个词叫完美主义。完美主义具有神经症的倾向,这种倾向源自不安的内心。那么,为什么完美主义者一旦达不到完美就会非常难受呢?

这个理由同时也能解答自卑感和自恋纠缠在一起孕育出的心理问题,即"成就完美的自己"。所谓的完美主义即是执着于想要"成就完美的自己"。而且,这样的人会想用行动来证明自己是"完美的人"。

另外,之所以说完美主义者具有神经症的倾向,主要是因为他们的动机。想要变得完美并不是什么坏事。但为什么说想要变得完美的动机才是问题所在呢?那是因为完美主义者的动机是充满了神经质的不安。

正因如此,他们才会强迫性地紧紧抓住那个"成就完美的自己"的想法不愿放手。如前文所说,他们认为证明"自己是完美的"就可以解决自卑感以及其他的心理问题。

然而,正如卡伦·霍妮所主张的那样,这样一来这个人的能量将不会用在实现真实的自己的可能性上面,而是会把能量完全用在证明"自己的完美"上面,这会转化为对自己不切实际的过高要求,继而会妨碍这个人本来拥有的能力的发展。

心理学上有一个"耶克斯—多德森定律(Yerks—Dodson Law)"。太想做一件事时,会产生出过度的紧张,这会降低行动的执行水平。人们常说的"怯场"其实就是这么一回事,怯场的时候连平时能够做到的事都会做不好了。并且,"怯场"往往是太想在人前"做到最好"了不是吗?另外我认为,"做到最好"与其说是强烈的"做"的欲望,不如说是更担心没做好罢了。

心理学的书中常常出现类似于想做的情绪"过于强烈",或是上进心"过于强烈"这一类的说法。过度的愿望会反过来妨碍完成这个愿望的执行力。例如,在存在主义分析治疗(Logotherapy)方面颇负盛名的弗兰克尔[维克多·弗兰克尔(Viktor Emil Frankl,1905年3月26日—1997年9月2日),出生于奥地利维也纳一个贫穷的犹太家庭,维也纳第三心理治疗学派—意义治疗与存在主义分析(Existential Psychoanalysis)的创办人。]就曾指出"过剩的意愿"会反过来变成阻碍。

▲"过于……"的人心理容易生病

那么,这种"过剩的意愿"或是"强烈的愿望"到底是从何而来的呢?有时会听到一些非常不负责任的评论说,"具有神经质倾向的人上进心都很强也不是坏事呀",我非常不赞同这种说法。

我认为,所有的"过于……"都是从人内心的空虚感中滋生出来的。之所以会"过度",是因为这个人拼命地想要填补自己内心的空虚感罢了。"过剩的意愿"也好,"强烈的愿望"也罢,其实都不是真正的意愿或者真正的愿望,最深层的动机还在于情感的空虚。从他的心理问题上来看,有不得不"过于……"的"必要"罢了。

我非常赞同优秀的女性精神疗法家弗罗姆—瑞茨曼〔弗瑞达·弗罗姆—瑞茨曼(Frieda Fromm—Reichmann,1889年10月23日—1957年4月28日),德裔美籍心理分析师和心理治疗师。她被认为是应用心理分析治疗精神病的先驱之一,是新精神分析学的代表人物。〕所说的驱使抑郁症患者的基础动机即是"需要与空虚的情感"。不过我认为,这个"需要与空虚的情感"不只是抑郁症患者的底层动机,同时也是不安性神经症等各种各样心理疾病的基本病因之一。

无论是有意识的还是潜意识的,因为心中有空虚感,所以就会受到内心的催促。"想这么做"的愿望就会在不知不觉间变得过于强烈。

1

▲

5

在"真实"与"应当"之间分裂的自我

▲引起自我分裂的两种情感

我认为"真实的情感"与"应当的情感"之间的差距，会给一个人带来没有理由的、不明所以的不愉快感。有些人会在自然的真实情感滋生之前先考虑应当有什么样的情感。看到这样的风景应该滋生出这样的情感吧、这种状况下应该有快乐的感觉吧、这种时候必须要有悲伤的情感呀……诸如这般，在体验真实的原本的情感之前，头脑中会先出现应该表示的情感类型。于是，让自己去努力地表现出那个应该有的情感。

这种勉强自己的行为，会让这个人陷入不明所以的不愉快的感觉当中。心底明明没有感激的情绪，却要让自己以为非常感激。这会让自我分裂成两个，同时其本人会拒绝意识到这种分裂。

人在悲伤的时候除了悲伤真的没有任何办法，不觉得感激的时候也没有任何办法觉得感激。人的情感不会因规范和伦理而改变。

但是，有很多人在小的时候被灌输了什么时候该有什么样的情感。更有甚者，在当时不表现出该有的情感的话还会被父母责怪。有些人在表达情感前不能先考虑自己的真实情感，而是要先考虑别人期待自己表现出什么样的情感。有些人就是在这样的环境中长大的。这样的人在和别人接触时，会先想到在当下如何表达自己的情感才能让对方接纳自己。

并且，在意识层面能够掌控自己的情感的人，其实已经丧失了自我。而处于丧失自我的边缘的人，会对这种真实情感与应当表现出的情感之间的分裂感感到不快。而已经丧失了自我的人连这种不快都感觉不到。虽然没有不快，同时也没有活着的真实感。

　　当然不光是在感情上，很多人在行动上总是会先去考虑自己应该怎么做，然后鞭策自己去按照"应当"的行为去行动。但是，这样的人大多无法集中精力去面对"应当"做的事。

　　想着集中精力、集中精力，却无法让精力集中的人，应该想一想自己的内心是否存在分裂感。并且，内心的分裂感会滋生出紧张感，而神经症就是对这种紧张感感到无所适从或是无法忍受的一种状态。

　　没必要那么紧张，就算他人这样劝解，但只要内心深处的分裂没有得到解决，紧张就不会消失。这种紧张就像刚刚提到的不快一样，有些人能够意识到，有些人则意识不到。

▲你是否也曾觉得"不能这么下去"？

　　包括情感、行动在内，应该成为的自己和真实的自己的分裂会让人感到痛苦。并且，这种痛苦没有任何意义。也就是说，这种痛苦不是成长的痛苦。尝尽这种苦楚，人的情绪也不会有一天变得成熟。

　　另外，这种痛苦也与活着的意义没有任何关联。忍受艰苦的橄榄球训练、艰苦的登山，这一类的痛苦是与活着的意义有关的痛苦。但是因分裂而产生的痛苦，与活着的意义没有任何关联。不，可以说它们否定了活着的意义的存在。

为了逃离这种痛苦，人一般会用到几种方法，其中之一就是追求权力和名望。权力和名望能带来周围人的喝彩，能够让他觉得自己被周围的人所接受了。

一个人以"应该有样子"示人本就是为了得到周围人的认可与接纳。这说明这个人从很小的时候开始就为了得到周围人的认可而不得不去满足他人的期待，也说明他周围的人都不接受他真实的自我。只有成为周围所希望的那个自己时，才能被周围的人所接受，于是真实的自我就与应该成为的自己分裂开了。

成年后，依然用同样的方式来谋求周围人的认可的人，会因为不安而执着于追求权力和名望。对权力和名望有不安的渴望而感到苦恼的人，都是内心有分裂的人。另外，对权力和名望有不安的渴望而感到苦恼的人，也都因为心中的罪恶感而感到痛苦。这是因为他们不原谅真实的自己。模糊的罪恶感来自真实的自我所感到的罪恶感。所以，他们永远不会觉得"我这样就挺好"。

不知道为什么，就是总感觉"不能这么下去"。读温伯格的书会发现，他对于神经症患者的建议有一条是"试着想一下现在这样对你来说并没有什么不好"。只是患有神经症的人，即使想这样想也无能为力，他们没有办法这么想吧？

▲财富、名望都不是救命药

有食物、有住处；有衣穿、有朋友。如此这般还有什么不好的呢？但是，从小就被否定真实的自我的人不会这么想。只要存有对真实的自我的罪恶感，就会陷入"不能这么下去"的苦恼之中。

无法享受性，对性也抱有罪恶感；无法尽情玩乐，快乐的事会妨碍到这种罪恶感；无法享受音乐；无法享受运动；无法享受工作，比起完成一件工作的爽快感，他们反而会陷入接下来要做的工作的焦虑中；无法享受美景，心中的罪恶感会妨碍他们享受一切美好的事物，使他们变得无法享受任何乐趣。

他们只会一个劲儿地追求权力、名望、财富，试图用这些外在的东西来战胜内心分裂而导致的紧张感与苦痛。

但是，这样的方法永远不会获得成功。这是因为无论外在获得了多少，他们都没有变成自己内心的主人。那些难以取悦的有权人士，我认为就是这一类人。

虽然这样的方法不会获得真正的成功，但是能成为难以取悦的有权人士还算是好的。因为有更多的人试图用这种方法克服心中的苦闷，但最终却是权力、名望、财富哪个也没有得到，于是只剩下苦痛与悲惨，或是变成死气沉沉的人，嫉妒着他人的成功、扯别人后腿，变成不得不这样活着的可悲的人。

本就是为了战胜内心分裂的苦痛而去追求名望，所以得到名望的人也还是会嫉妒他人的名望。就这一点来说，获得了名望的人和没有获得名望的人是一样的。

6

正视自己的感受才能情绪稳定

▲克服痛苦需要的三个观点

克服痛苦的另外一种方法就是,去了解自己真实的情感。不要总是让自己"应该具有的情感"占了上风,而是要正视自己心中真正的情感。

我的父亲是一个非常爱以恩人自居(以施舍者的样子自居)的人。他经常会说"你能出生在这么棒的家庭应该感到幸运",并且会禁止我对自己的人生抱有任何不幸的感觉。

所以我在与他人相处时,总是会先入为主地认为自己已经足够幸运了。但是,真实的我并不是时时刻刻都感到幸运的。不如说,我因为不得不随时随地认为自己是幸运的、幸福的而感到非常沉闷。实际上我一直非常苦恼,我真实的情感是沉闷、痛苦,但我"应该具有的情感"却是轻快、幸福。

克服痛苦的方法,是无所畏惧地去面对自己真实的情感。这里提到了"无所畏惧",但其实很多人正是因为恐惧才把自己真实的情感深藏在心底,所以"无所畏惧"是一件知易行难的事。

不过,因自我丧失感、不安的紧张感而感到痛苦的人,应该尝试去思考一下,自己现在所意识到的情感,和自己现在实际上所感受到的情感是否存在矛盾。并且试着去想一下,如果这两种情感不是相反的,那么自己又是为什么苦恼呢?

"无所畏惧"实际上对于我来说意味着"不害怕父亲是如何看待我的"。

第一步，是要了解自己真实的情感。

第二步，在知道自己真实的情感之后，尽量不要去演绎"应该有的情感"。实际上很痛苦，就不要表现得很开朗。

第三步，就是要相信自己。当然这也是知易行难的事，因为我们一直太信赖那个不相信我们自己、否定真实的自己的"领导"。

真正的原因在于我们因为恐惧，所以向那个不相信我们的"领导"宣誓效忠，最后变得无法信赖自己。为了能够信赖自己，就要向那个否定我们自己的"领导"宣布叛变。如果做不到这一点，无论到何时都无法信赖自己。

我将"相信自己"作为了第三步，在信赖自己的同时便能够了解到自己真实的情感，信赖自己的人不会对自己演戏。信赖自己的人不会输给那些情绪不成熟的人所施加过来的"应该成为的自己"的形象，不会因此牺牲真实的自我。

另外，无法信任自己的人，会卑躬屈膝地迎合他的上级，而对他的下级，则会无视他们真实的样子，强迫他们做到"应该有的样子"。优秀的领导者，不会指导部下成为一个应该成为的人，而是会指导部下成为他们本来的样子。也就是说，强迫部下成为应该成为的样子的领导，是在情绪上还未成熟的人。

▲为了丰富我们的心灵，应该知道的几件事

那么，无法信赖自己、情绪不成熟的人，会强加给比他弱小的人"应该有的样子"，这到底是个什么样子呢？这个"该有的样子"真的称得上"应该"这个词吗？他们强加于人的其实并非客观上的该有的样子，大多都是对他们有利、适合他们的样子。

对他们有利的样子又是什么样呢？实际上大多是方便他们确立自我的样子。上级如果是内心充满不安的人，他便无法自己确立自我的存在。他们没有自己活着的真实感。然而，越是这样的人，越是有诸如"想要确立自我""想要活着的真实感""想要个性"等欲望，其实这些欲望的核心是一样的。

通过上述的描述，我们知道了上级对下级强加的"应该有的样子"，不过是有利于上级确立自我的样子罢了。

上级只是想通过下级来确立自我。父母会以一副施舍者的样子面对孩子，也只是因为他们想要通过孩子来确立自我而已。

那么，苦于不安的紧张的你必须要理解的是，你所认为的"自己应该有的样子"和客观上看上去正确的自己并不是一回事，不过是你周围那些没有形成自我的人为了确定自我而塑造的适合他们的样子。作为父母自我确认的手段培养出的孩子，又怎么可能形成真实的人格呢？

为了应有的样子而牺牲了真实的自己，这说明从很小的时候开始，你就成了周围那些情绪未成熟的大人的牺牲品。

现在，因为不安的紧张感而感到痛苦的你正在做的，是相信了那些情绪未成熟的大人，而不愿意相信自己。先把能否相信自己放在一边，我们从"要相信自己"这个想法开始。在心里下定决心丢掉那个做给情绪未成熟的大人们看的自己。

然后就是第四步，一旦了解了自己真实的情感，就将身体交给它。讨厌就是讨厌，没有办法，感到讨厌那就讨厌吧。实际上觉得讨厌，却想要消除掉这种觉得讨厌的心情，所以才会陷入紧张的痛苦中。

讨厌的话就承认讨厌吧。有些人会认为讨厌的时候就表现出讨厌，这样无法融入社会生活呀。确实会出现这样的问题。但是，我们现在讨论的是针对因不安的紧张感而感到痛苦的人。对于肉体不也是如此吗？我们不会对因病卧床不起的人说你要多运动，要经常泡澡吧？也不会对健康的人说，你要多吃好消化的食物，劝他多卧床休息吧？

对于心理上的问题也是一样的。在肉体上，一个人得了感冒就会有感冒后的应对方式，那么对于心理生病的人来说，就要用针对生病的人专有的调解内心的办法。

▲坦率地承认"真实的自己"吧!

那么,我刚刚写了些看着像是借口的话,讨厌的事就讨厌,不喜欢的事就不要喜欢,不喜欢的人不用努力去喜欢,不开心的时候就不开心吧。比任何事都重要的是,了解真实的自己,能够专心地面对真实的自己。

小孩子精神成长所必要的事与一个成年人的精神成长所需要的事是不同的。患有神经症的人,他的情绪年龄要比生物年龄、社会年龄低得多,所以不要期盼他去做与生物上的同龄人相仿的事。

重要的是,要让他先真正地成熟起来。现实是他还是个孩子,却要求他做事像个成年人一样,那么无论到何时他的人生问题也不会得到解决。小孩子是以自我为中心的。同时,他们会用以自我为中心的行为方式去掩盖自我中心性。真正成熟的三十岁的成年人是已经克服了心中的自我中心性,这样才能滋生出对他人的关心,才能站在他人的立场上去思考。

但是,世界上有很多已经三十岁了却还是以自我为中心、不会为他人着想的人。这样的人是因为想要努力在行为上表现得体面,内心才会变得越来越奇怪。

17

有得有失的交往才能增进人与人的关系

▲极端计较"得失"的人

一个人如果只会计较得失那该是多么寂寞。尽管如此,还是有那么一些人,在任何事情上都只计较得失,并且这样的人并不在少数。另外,也有些人总是在批判别人只会计较得失,这样的人也并非少数。

不过大多数人,虽然也会计较得失,但还是会有不计得失去行动的时候。

问题在于,那些对计较得失表现出极端厌恶的人,大多是心理有一些扭曲的人。"我决不会计较得失""真烦人,只会为了利益行动",诸如此类,对计较得失表现出极端的敌意的人,其实大多是非常吝啬的人。其本人以为自己不会计较得失,但其实他却比一般人更在意利益。

普通的人并不是那么极端地吝啬,所以也比较能坦率地接受他人因利益而做出的行为。但是,极端地批判计较得失的人,反而是十分吝啬、只会为了利益而行动的人,在他们的潜意识中比普通人更关心利益得失。而作为这种异常追求利益的欲望的反向形成,使得他们会表现出无视得失的样子。并且他们无法认可自己心中的吝啬。

自己很吝啬,但是吝啬不是好事,为了解决这种心理冲突的痛苦,就形成了去指责他人吝啬的行为。

作为证据,那些看上去完全不在乎利益、得失的很会说体面话的人,其实很少有能够敞开心扉聊天的朋友。如果真的是毫不在乎得失，完全以人与人的情感为驱动力的话，大概也只会培养出很多普通朋友，却无法建立亲密的人际关系。这就是没有心的交流的证据。

所以，我很难信任那些对计较得失表示出极端厌恶的人。

另外，正如我先前所说，我认为只为了利益而行动的人也是有心理问题的人。如果不能得利便什么也不做的人，大多是心中感到空虚的人，或是心中充满不安的人。

能够和别人有丰富的情感交流的人，才能够构建亲密的人际关系，也能够交到可以敞开心扉交流的朋友。如此一来，自然会有"为了那家伙两肋插刀吧"这样的事发生。即使损失了金钱，也要"为了那家伙"宁愿接受一些让自己受损失的工作。如果没有这样的事，或许一般的人会觉得寂寞吧。

如果在情感上没有人与人深入的交往，就算再富有，人还是会觉得寂寞。资产能够带给人生活上的方便，却不能带给人活着的意义。当然，心与心的交流能够带来活着的意义，但是只有心与心的交流无法生活下去。

如果只有得失心，不管其本人是否意识到了这件事，他心中都会生出空虚感。而为了一时填补这种空虚感，人就会去追逐利益。于是便陷入了恶性循环，不追逐利益就会感到不安。只有在获得利益时，心中才能有片刻的宁静。

▲"为了那家伙"——没有利益关系的交往才更稳固

人们都认为学生时代更容易交到朋友,这是因为和进入社会后相比,学生时代利益的冲突比较少。进入社会后,人会因为自己的付出获得利益或是造成利益的损失,而这正是考验一个人的地方。

在律师中,有那种无视利益、只凭自己的想法或信念去接辩护案件的人。

在作家中也有这样的分别。有人是为了稿费而写作,也有一些人是为了能够宣扬自己的想法、爱情观、价值观而不惜付出劳动与时间,不计回报地去写作。

进入社会后,只要付出劳动和时间,一般都能够获得相应的利益。但是,有些时候我们也会不计较得失,只是想着"为了那家伙"或是自己的信念去付出时间与努力。我认为会有这样想法的人是人格健全的人。

只不过学生时代,无论做什么,大多不会有利益的收获。虽然说打工也会有一定的收入,但并不是长期的盈利模式。

学生时代,很少会有让你去选择利益或友情的时候。但是进入社会后,有时候因为放弃自己的利益而去选择友情,就会产生新的友情。正因如此,和学生时代相比,在社会上交到朋友会更难一点。但是,我认为这样交到的朋友才是真正的朋友。

学生时代交的朋友没有经历过试炼。就算是个自私自利的人，也大多不会在朋友甚至自己面前表现出来。学生时代，就算心里有着污迹，嘴上也还是可以说着漂亮话蒙混过去，但是进入社会后就很难这样了。

假设某个朋友为了获得成功非常需要你的帮助。他拿出100万日元放在你的面前，让你选择是否要帮助他，而且这100万日元并不是要你去做坏事，只是需要你付出时间与劳动，便可以正当获得的报酬。这就是考验友情的时候。

学生时代很少会有这样的选择吧。眼前没有放着100万日元，你可以把话说得很漂亮。付出的劳动力与时间也并不是那么珍贵、高价的东西。

人们常说，男人会为了金钱、女人与恐惧而行动，我也认为确实有这样的一面。但是如果能超越欲望与恐惧，只是想着"为了那家伙"而付出行动的人，难道不是很强大的人吗？用欲望与恐惧连接起来的关系，真的很脆弱。

并且我认为，能够获得无视欲望与恐惧的友情，将是何等幸福呀。不过，这并不是件容易的事。

1

▲

8

了解"真实的自己"会给你的人生带来改变

▲了解自己真实的样子

对于患有神经症的人来说，描绘他们真实的样子，就像是让他们在地狱中受刑一样痛苦。这会夺走他们所有的力气，让他们变得茫然自失。

尽管如此，这么做仍然比躲避自己真实的样子的做法要更有未来。当能了解到自己真实的样子，尝到在地狱中受刑的痛苦时，可能会想"我已经不行了"。确实，直面自己比躲避自己要痛苦得多。但是，只有直面自己才能够拯救患有神经症的人。

据说，抑郁症患者的自杀一般都是出现在恢复期的时候，当他们处于抑郁的最低谷的时候，反而不会有自杀的危险。也许对于其本人来说，处于抑郁的最低谷的时候是最痛苦的，然而在最痛苦的时候是连自杀的气力都没有的。

直面自己真实的样子与之很类似。这个时候，会连自杀的气力都没有，觉得自己身边的一切都被剥夺了。但是，只有这样跌到谷底，才能一点点向上恢复。

因为回避面对自己真实的样子，神经症患者的言行才总是显得那么不自然。很刻意或做作，都是因为他们在潜意识中回避着什么。

他们封闭了真实的自己的内心。但是，任谁都不愿意当一个封闭内心的人吧？这样一来，就很容易输给这种心情，装出一副自己没有紧缩心扉的样子出来，所以他的言行举止会看上去总是显得那么刻意。

自己其实是个内心冷酷的人,但是谁都不想让别人觉得自己很冷酷吧。如此一来,便会输给这份心情,做出一副自己很热心肠的样子。但是他的言行看上去会充满不自然感。

▲总是无法集中精力的人的心理构造

患有神经症的人,其实在其潜意识中,大抵是知道自己真实的样子的。并且当他遇到和真实的他很像的人的时候,很容易憎恶那个人。他会很刻薄地批判那个人才是真正的冷血、内心冷酷无情。

患有神经症的人总是想要否定自己潜意识中的真实的样子,希望在人前证明自己是完全相反的人,所以会故意表现得很亲切,做出一副善解人意的样子。

任谁都不希望自己是一个不善解人意的人。但是,无论多么希望自己是善解人意的人,想要从神经症中获得解救,也只有直面真实的自己这一条路可走。

如果自己是个不会善解人意的人,并且回避这样的自己,例如强迫自己去追求威严,那么当然不会获得解放。

我认为,直面真实的自己,就像是在给自己做手术一样,当时可能会很痛苦,但是最终,为了心理的健康,别无他法。

人的心中如果有不安或冲突,就会总是分心。无法集中精力,也是心中怀有不安或冲突的证据之一。无法集中精力学习、无法集中精力玩耍、无法集中精力工作,甚至吃饭的时候都无法集中精力，这些全部都是因为被心中的不安或冲突分了心。

心中怀有不安或冲突，想要集中精力做什么的时候，会需要花费相当大的心理能量。心中的不安或冲突越强大，就越是难以集中精力。

这样的人大多无法与他人心意相通、善解人意，因为他们很难把注意力放在别人身上，他们心中的不安或冲突总是在牵着他们的神经。交谈的时候好像不知道自己在说什么，就是这么一回事。从对方的角度看，虽然是在与他交谈，却完全没有参与感。

▲对家人也心怀芥蒂——其中隐藏的原因

现在有很多人不愿意正视自己内心的不安或冲突，不愿正视自己无法与亲近的人心灵相通的事实。例如所谓的"工作狂"，他们把一切都归咎于工作太忙。他们工作忙碌是事实，因工作忙碌感到疲惫也是事实，但是不能因为如此，就觉得回到家一句话不说是合理的。

他们的沉默不语其实是因为心底怀有不安或冲突，对身边的人怀有戒心，不想和身边的人敞开心扉罢了。他们害怕对人敞开心扉。

自己因为心中怀有不安或冲突，所以无法对他人敞开心扉，却归咎于工作太忙，实际上，他们只是无法对他人敞开心扉罢了，他们只是在回避直面真实的自己罢了。

这样的人在工作上常常表现出具有强迫性。与其说他在工作上很有挑战精神，不如说他们总是在尽可能地回避着失败。比起挑战新鲜事物，他们更会花时间在不要出现失误而产生不好的评价上面。

　　其实他们是因为害怕向亲近的人敞开心扉，所以才表现得那么热爱工作罢了，而不是因为工作忙碌，所以不能和家里人敞开心扉。空虚感、情感的匮乏、人格的萎缩……他们为了逃避这些才疯狂地工作，然后把工作忙当作借口，以此来回避与家人用心相处。他们是在用工作忙来"保护"自己，所以尽管再累也不愿意放下工作。

　　他们看上去像是热爱工作、积极生活的人，实际上是非常消极且退缩、保守的人。回避直面情感上的空虚的后果就是变成了工作狂。然后他们又用工作忙当借口，回避着与家人的心灵上的交流。

　　那些工作狂，或是以工作忙为借口回避与家人敞开心扉的人，实际上是心中隐藏着不安与冲突。

　　并且这样的人，无论是面对美景、动听的音乐、美味的食物都不会感到满足。他们无论做什么都不会感到安稳，因为他们无法认同自己。他们无法享受这些事物，心中总是感到焦虑。他们面对美丽的大海，心中会感觉像是缺了什么。能够填补他们心中空洞感的，好像只有工作，或是对工作有益的什么事。

　　为什么他们总是无法感到安稳呢？虽然努力工作，却无法真正享受工作的成果。我们经常会说某个人是工作狂，他们不工作就会感到浑身难受。

▲内心的不安会带来自我匮乏感

尼古丁中毒（上瘾）的人，不吸烟就会感到浑身不自在，好像少了点什么，陷入自我匮乏感。工作上瘾也是同理。不工作的时候，无论遇到多少美景、听到多少鸟儿优雅的鸣叫、遇到多么震撼的艺术作品，他们心里都会有自我匮乏感。

工作上瘾的人内心中充满了不安。为了逃离这种不安，便会想抓住什么可靠的东西。对他来说，这种可靠的东西可能是财富或是名望。

工作的时候，他会觉得自己正在渐渐接近那个可靠的东西，这会让他感到安心。并非是工作本身能够带给他安心感，它只能带来名望或财富，稍稍缓解心中的不安。

眺望蔚蓝的大海、倾听鸟儿愉悦的歌唱时，还是会有自我匮乏感，因为这些东西无法消解他内在的不安稳。他们总是觉得少了点什么，所以享受愉悦、享受欢乐不能让他们平静下来。不认可现在的自己——自我匮乏感，这是源自不安的一种感受。

有些人眺望夜晚闪耀的星空却无法感到满足。

无法被音乐感动的人中，有一些是心里想着"快感动吧、快感动吧"而去追求音乐的人。他们对音乐有很多要求，无法忘我地去倾听。

他们无法对任何事变得忘我。

1
▲
9

换 一 个 目 标 会 轻 松 很 多

▲"该有"的兴趣不是真正的兴趣

人们常说人要有点兴趣爱好，认为有自己的兴趣是一件好事。

对可能会患上抑郁症的人，人们也经常会推荐他去"发展兴趣爱好"。但是，可能会患上抑郁症的人没有办法发展兴趣爱好，因为对他们来说，兴趣也会变成"应该拥有的"东西。他们听人说"有个兴趣爱好比较好"，就会认为自己"必须要有个兴趣爱好"。

实际上，"有个兴趣爱好比较好"这种事在被医生告知前，他们自己早就知道了。虽然早就知道，但是"无法拥有兴趣"才正是抑郁症病前性格的特征。"无法拥有兴趣"并不是说他们没有发展兴趣爱好所需的时间或金钱，而是说他们在精神上无法体会兴趣爱好带来的乐趣。

兴趣爱好并非是"必需品"。兴趣爱好并不一定能带来利益，也不是说有了兴趣爱好就能够得到他人的尊敬。兴趣与工作完全不同，兴趣是会花费时间与金钱的事物，且很难给自己的生活带来实际的利益。

兴趣爱好是"因为喜欢所以要做"的事、"因为高兴所以会做"的事。但是"喜欢""高兴"这种事对有些人来说是很平常的，对另一些人来说却是没有什么比这更难的了。

对于心中怀有不安的人来说，拥有兴趣爱好比让他工作要难得多。抑郁症患者无法发展兴趣爱好，也是因为他们心中充满了不安。

想要"享受"一件事，是需要精神上的健康的，精神上的健康指的是心中没有不安的情绪。

对于有抑郁症病前性格的人来说，完成一件件被义务或责任感驱使的事比拥有一个"兴趣"要轻松得多。兴趣不是义务。所以对他们来说更难去做。一旦医生对他们说"你应该有点兴趣爱好"，他们就会觉得自己"必须要拥有兴趣爱好"。

其实兴趣这种事并不是说"应该有"就会有的。如果被命令说"应该有"的话，那就已经不是兴趣了。

规则意识过剩、过度追求和他人创造完美的人际关系、过于一丝不苟、总是神经紧张的、具有抑郁症病前性格的人的生活态度，只有前进、向上、进步、发展。

这样的人的生活目标无法从勤奋、努力切换成懒懒散散、磨磨蹭蹭。当然，正因为他们做不到懒散，才会过度消耗了自己，让心生病。

所以，假设让他们每周三过一天"散漫"的生活，他们肯定是做不到的，因为正是不会"散漫"地生活才会导致生病。

对这样的人，建议他一周只用一天"散漫"地生活吧，他们也是不会听的。因为就连休息日，他们手上要是没有一本与工作有关的书,都会感到无所适从。

　　无论是工作还是人际关系,他们总是会给自己定下非现实的过高的要求。但并非是他们想要这么做,而是不得不这么做。一刻都不敢懈怠的紧张感是这样,让自己精疲力竭却不敢松懈的心情也是这样,明明不喜欢但不这么做就会感到无所适从。

　　尽管如此,我还是希望这样的人能够把"散漫"的生活作为生活目标试一试。但也许他们大概全都认为"散漫"是一件完全没有价值、没有意义的事吧?

▲"低谷"的时候,换一种做法试试看

　　他们就算很疲惫也无法离开工作,因为心中充满了不安。对他们来说身体上的疲惫很难受,但是比这更难受的是心中的不安。心中的不安才是他们最大的问题所在,所以尽管精疲力竭也不愿意放下手中的工作,工作只是让他们逃避心中的不安的一个工具罢了。

　　但是,他们工作的效率却不会因此提升。一般来讲,心里能够静下来的时候工作效率才会提升。为了充分发挥自己的能力,安心感是非常必要的东西。没有了重要的安心感,很难说一个人能发挥出十成的能力。

　　具有抑郁症病前性格的人通常会在低谷的时候拼死拼

活地努力。无论是体育、学习、工作，还是围棋、音乐，都会有遇到低谷的时候，谁都会觉得在低谷的时候特别得痛苦。大家也都在各种与自己有关的事情上体验过低谷。

这种时候，大概大多数人都会为了效率而感到焦躁吧，但是越是焦躁效率反而会越低。我没有什么体育方面的经验，所以不太了解在体育上遇到低谷时是什么样的感受，这大概和读书、学习、工作时遇到低谷时的感受差不多吧。

棒球手在遇到低谷时，就会无法做出平时的那种击球，越是想做好，越是不容易做好。在围棋中也是，低谷的时候越是想着要赢，越容易在差一步的情况下输掉。

具有抑郁症病前性格的人，就像是一直在体验低谷中痛苦的感觉一样。低谷总有结束的时候，但是具有抑郁症病前性格的人却总也等不到低谷的结束，心中的不安会永远持续下去。心中的不安比肉体上的疲劳消耗更辛苦。

▲设立与现在完全相反的目标会轻松不少

我原来也有些抑郁症病前性格的特征，也曾在精疲力竭的时候仍然放不下手中的工作。

有一段时间，写作让我感到很痛苦，但是不写作的时候会更难受。

不仅如此，我当时也想要"散漫"地生活看看，但是抑郁症病前性格使我无法马上做到。一般来说，具有抑郁症病前性格的人所设立的目标，总会让他变得更痛苦，"散漫的生活"这种生活目标很难出现在他们的脑海里。

在这里我想说的是，其实这种事也是可以作为活着的目标的。这是一个和至今为止完全相反的目标。

一提起今年的目标，一般都是关于工作或者成功的吧。但是这一次我们可以反其道而行之，试着把正相反的事作为目标看看，也就是改变一下设立目标的立场。

至今为止，可能我们都是用完成了多少工作来评价自己的一天，但这次不如试着换一下评价的标准。不再因为完成了很多工作所以今天是不错的一天，而是今天看到了很漂亮的花所以今天是还不错的一天，或是今天看到了很棒的绿色、早晨的空气很清新、吃到了很美味的菜肴，等等。尽管不安但是如果能持有这种感觉，就能给这一天标记上一个圆圈。

如果哪天遇到了有趣的事，这一天就可以有两个圆圈。甚至说，虽然工作进展得不太顺利，但是心里很平静，那么这一天就可以有三个圆圈了。

总之要先改变自己，试着告诉自己，工作如何变化和自己的痛苦并没有很大的关系。问题不在工作上面，问题是你心中的不安，工作只不过是你为了逃离心中的不安而抓住的那根稻草罢了。

对人际关系的态度、对工作的态度，全都是因为心中的不安所造就的。正是因为心中感到不安，才会过度想要追求完美的人际关系，导致自己精疲力竭。对人际关系以及工作的非现实的高要求，也是为了借助它逃离心中的不安，只不过又是对不安的一种防御罢了。

干脆就试着设定一下，例如每个月第三个周五把工作和所谓的"不得不做的事"抛在一边。就像我说了无数次的，心中的不安才是真正的原因，所以就算你这样设定了，也不代表你马上就能这么去做。但是，因为不是每天都要这么做，所以相对来说会更容易实行吧。

所谓的休息日，本来就应该是这样的日子。但是心中怀有不安的人，在休息日都无法真正得到休息。

就像先前写的，低谷时因为想要赢而感到焦虑，但结果往往是失败的。一旦脱离低谷，想要赢就更容易了。

心中怀有不安的人，就如同一直身处低谷一样。所以在不安消除之前，不要总是去想着努力工作，这样反而可能会提升工作效率，并且也只有这样做了。

1

▲

10

找到"合适的目标"才能确立自我

▲ "管理"会在心里留下什么

心中怀有不安或冲突的人无法理解，自己"现在在这里做什么并不需要得到谁的同意"。如果他们没有得到谁的诸如"现在，你可以在那里做某件事"的同意，就会对自己现在的行为感到不安或怀有罪恶感。

独自一人进入咖啡店、独自一人在小路上散步、独自一人在公园读书、独自一人去加油站，无论是什么，只要是独自一人去做的事，他们在心理上都无法接受。

当然，作为成年人上述这些事并非是肉体上或经济上不能完成的。但是没有得到任何人的允许，独自一人去做这些事就是会让他们怀有罪恶感。

他们被长时间地过度管理了，所以对没有人管理这件事会怀有罪恶感。

被管理指的是，只能做管理者希望他们去做的事。

例如在公司内，会受到8小时的管理。但是，小孩子会受到24小时的管理。也就是说，管理者用何种心情管理孩子，会严重影响孩子的心理成长。

如果父母无法信任他人，被24小时管理的孩子的心理会变成什么样呢？我想这很容易想象吧。

被管理者有必须报告的义务。没有信任能力的管理者与孩子的关系就像是主人与奴隶的关系一样。

孩子会在心中培养起自己不被信任的感觉。并且，这种不被人信任的感觉会伴随着他长到十五岁、二十岁，以及一生。

就像我们之前也提到过的，有些人三十岁的时候仍然停留在三岁的心理成长阶段。

▲知道人生的目标才能确立自我

困扰很多人的问题，在于确立自我的方法。如何才能知道自己到底是个什么样的人呢？如何才能知道自己真正想做的事是什么呢？如何才能自然地觉得"啊，我这样就挺好"呢？如何才能找到自己可以全身心投入的事情呢？

谁都知道确立自我的重要性。

越是不知道自己想要做什么而感到烦躁的人，越是明白确立自我的重要性。

人的热情需要有出口，一旦找到了那件可以付诸热情的事物，一个人的情绪才能够自然地成熟。

一个人一旦清楚地知道，自己想要变成什么样的人，心中的焦躁就会消散。

为此，我们就要知道该怎么做，才能够拥有稳定的热情。只要知道自己的目标以及实现的方法，容易受伤的心也会得到治愈，易怒的性格也会改变，在意别人评判的敏感也会改善，也就能从烦人的憎恶中解脱出来了吧。

应该向外的能量，转向了自己的内心，才会那么容易生气，才会很难从憎恶中解脱出来。并且，憎恶和愤怒会让人疲惫。

有的人并不需要做什么就总是感觉疲惫。就算睡了一天，被憎恶缠上的人还是会感到疲惫。当然，虽说感觉很累但到了夜里却又不能马上入睡。愤怒和憎恶会消耗心理能量让人紧张很难入睡。

确立了自我的人，获得了自我同一性〔心理学家埃里克·埃里克森认为，青春期的根本问题就是，在不断扩展的社交世界之中，在不同的角色扮演而造成的混乱之中，找到自己真正的定位，即自我同一性。解决有关自我同一性的问题能够帮助一个人找到自我的连贯性。〕的人，能够把内心的能量用在外界的事物上，所以白天会感到很轻松，夜晚也很容易熟睡。

能够明确人生的目标，并能为此献身的人是幸福的，安逸的。

他们也能够和情绪成熟的人建立起良好的关系。不会易怒，不会总是感到烦躁。如果已经明确了人生的目标，却还是每天过得心神不宁，那么就说明那个目标是错误的。

证明一个目标是否适合自己的证据就是，是否有情感的混乱。如果将父母的期待内化，将不适合自己的事定为人生的目标，或是因为自卑感想令别人刮目相看而定下了目标，这都不是适合自己的目标。

适合一个人的目标，是应该能够让他感到心里很平静，能够让他真的有发自内心的热情的事物。虽然结果也很重要，但是过程更加重要，所以不会有不安。

▲找到"适合自己的目标",人生会变得快乐

问题在于,该如何找到这个"适合自己的目标"。

我们一般认为父母对于孩子最好的态度应该是"高支持""低控制"。如果说它与"合适的目标"的关系,我认为应该是这样的:"支持"能够帮助孩子找到"合适的目标",而"控制"则会给孩子找到"合适的目标"增加困难。

父母如果对自己没有感到满足,就会对孩子有过高的期待。这种期待会变成"控制"。对自己感到不满的父母,会想要通过孩子来获得满足,也就是我们常说的代理满足。父母并不期望孩子获得满足,而是想要通过孩子来让自己获得满足。

如此一来,就会去"控制"孩子。

会为了让自己得到满足而干涉孩子的价值观。会为了让自己得到满足而干涉孩子的行动。孩子越是采取能让他们获得满足的行动,父母的自我便越是膨胀。

被如此教育的孩子,也许会有自己的人生目标。但是,他越是朝着这个目标努力,越是不会感到快乐。对于一个人来说,"合适的目标"是他朝着这个方向努力便会感到快乐

的目标。

比起做其他事，朝着这个目标努力能让他更快乐。这才是"合适的目标"。

为了实现一个目标而需要不断鞭打自己，就不是"合适的目标"。

为了实现一个目标而不得不鞭打自己，这样的目标会影响一个人情绪的成熟。所谓"合适的目标"是指，为此付出的努力很快乐，并且能够让那个人情绪变得成熟的目标。

现在，为了区分自己心中的目标到底是不是适合自己，首先可以想一下自己努力的时候快不快乐。第二，自己是否神经过敏，是否心理上很容易受伤，情感的平衡是不是很容易被破坏，是不是易怒，自己是感到焦躁还是平静，批评起他人来非常固执还是很爽快，也可以通过这些事来判断。

人生最好有自己的目标。但是，有自己的目标却有以上那些不安的情绪的人，大多是还没有确立自我的人。找到能够让你肯定自我的目标才能够确立自我，会让你否定自我的目标决不会帮助你确立自我。

也就是说，为了找到"适合自己的目标"，为了确立自我，都需要脱离父母。

〝弱い自分〟の正体を知ると「焦り」は「安らぎ」になる

第二章

了解"弱小的自己"
就能化"焦躁"为"稳"

2

1

总是做"别人目光下的奴隶",就会生出自卑

▲**总是无法和他人好好相处——检查自卑感的重点**

　　自己与自己的关系，就如同自己与他人的关系一样。也就是说，和自己无法好好相处的人，和他人也无法好好相处。

　　试着想一下不认同自己的人就会明白。觉得自己跑得慢，但是又想成为跑步选手；自己没有完美的身材，但是又想要拥有完美的身材。这样的人很容易有自卑感。弱小和自卑完全是两回事，当接受不了自己的弱小时，便会产生自卑感。

　　试想一下，一个想要拥有完美身材并对自己的身材感到自卑的人遇见了身材很好的人时会怎么样呢？他能够率直地承认"啊，那个人真棒"吗？或者能够和那个人成为朋友吗？和那个人一起去旅行他会感到快乐吗？或者他能够欣赏那个人的美吗？很可惜的是，他大概会因为嫉妒而感到不快吧。

　　他不可能和拥有完美身材的人成为朋友。那么他能和没有完美身材的人成为很好的朋友吗？大概也很难。他虽然会认识一些同样心怀嫉妒的人，会一起在背后议论某个身材完美的人，但是他们也成不了亲近的朋友。他们只是聚在一起以议论别人的方式给自己被扰乱的情绪找一个出口而已，并没有真正的心与心的交流。怀有自卑感的人，无法接受别人的优秀。

▲**优越感也是在意"他人目光"的证据**

　　优越感又是怎么一回事呢？怀有优越感的人，非常需要别人认可他在某一方面是优秀的。也就是说,怀有优越感的人也是心中非常不安的人。为了缓解心中的不安,他们需要让别人来认可自己的优秀。所以怀有优越感的人很爱撒谎。很多人将自信等同于怀有优越感,但这两者是完全不一样的,甚至可以说是完全相反的东西。

　　自信的人很少撒谎。当然,自信的人也是人,也会有不希望他人碰触的内心的东西,所以也会有撒谎的时候。但是相对来说,拥有自信的人撒谎比较少,而具有优越感的人则谎言比较多。这是因为自信是对人生的一种信赖感,而优越感和自卑相似,都是源于自我的不认同。

　　所以,怀有优越感的人和自卑的人其实是一样的,他们在情绪上面会十分不稳定。比如,因为自己是东京大学毕业且是年轻官员而怀有优越感的人,如果他进入一群完全不在乎东京大学或是年轻官员的人群中,可能会突然耀武扬威地说"我可是东京大学毕业的年轻官员",或是不高兴地离开那个场合,又或者会勉强自己待在那里,但是心里会非常不痛快。

　　怀有优越感的人,因为需要别人认可他的优越,所以他希望能够通过座位顺序或是打招呼的顺序,又或是其他外在的东西非常明确地将自己的优越体现出来。

对于只有优越才能够让他们感到开心的人来说，春天和秋天是一样的。他们的心被僵硬地封锁起来了，绝不会对外界打开。对于没有对外界敞开的心来说，秋日的暖阳和春日的斜阳是完全一样的，这样的人绝不会有充实的内心生活。

怀有自卑感或优越感的人，他的所有行动只会让自己的内心更加匮乏。

也就是说，他越是行动，越是去创造人际关系，越是会受到束缚，因为他们会变成别人目光下的奴隶，所以他越是行动越会陷入他人的支配之中。他们的行动所创造的世界，只会越来越疏远他的本质。

容易被人讨厌的特质之一就是夸耀自己的优越。会夸耀自己的优越的人，其实心底会因自卑感而感到痛苦。为了掩饰自信不足，才会在他人面前虚张声势。

明明不自信，却在人前表现出一副自信满满的样子，当然会招人讨厌。能够诚实地表现出自己没有自信的人反而会得到别人的青睐。另外，自信的人，也就是接纳了自我的人，也会得到他人的青睐。

招人讨厌的人，实际上是自己也讨厌自己的人。

2

▲

2

"自卑会像弹簧一样越抻越长",是真的吗?

▲**德摩斯梯尼传说带给我的疑问**

对于自卑这件事,我有一个怎么也无法认同的社会上的观点。例如,从前的很多伟人都曾有过自卑,而且一定会拿出来当作例子的,就像德摩斯梯尼〔德摩斯梯尼(Demosthenes,前384年—前322年),古雅典雄辩家、民主派政治家。积极从事政治活动,极力反对马其顿入侵希腊。后在雅典组织反马其顿运动(拉米亚战争)失败后自杀身亡。〕。德摩斯梯尼天生口吃,有点自卑,为了克服这种自卑他才付出了比别人更多的努力,最终成了雄辩家。

确实,自卑是指,自我受到了某种伤害,从而想做点什么去修复受伤的自我。有些人中途就放弃了,也有些人像德摩斯梯尼一样通过努力成了雄辩家。

但是,我们再来看一看历史上记录的德摩斯梯尼的故事。在多本古雅典文明史的书中都是这样记载的:他为了克服自己无法流利表达以及R的发音不准确的问题,在嘴里含上小石子练习发音,或是在海岸边用比海浪声更大的声音来练习说话,抑或是一边爬山一边朗读荷马的诗。他通过这些艰苦的训练,终于成了大雄辩家。

大人经常会以此来教育年轻人要像德摩斯梯尼一样努力,一样克服困难。但是把德摩斯梯尼作为例子真的合适吗?

▲**修复受伤的自我就能获得幸福吗?**

首先我们要思考一下,成为雄辩家对德摩斯梯尼来说真的是幸福的吗?他真的度过了精神上充实的一生吗?

他在海岸边用比海浪声更大的声音来练习说话的时候,真切地感受到了浪潮特有的韵律了吗？海浪的韵律、冬天的海和春天的海，以及每个季节不同的大海的变换，以及那声音的变化，他体味到了吗？

他成为雄辩家后感到幸福了吗？他多次与亲马其顿派的雄辩家埃斯基涅斯发生激烈的争执，发表了多次措辞激烈而又极富感染力的反对马其顿入侵希腊的演说，因反马其顿战争的失败最终服毒自尽。这样的德摩斯梯尼幸福过吗？成为大雄辩家对于德摩斯梯尼来说是个"合适的目标"吗？

我想要说的是，德摩斯梯尼是如何看待自己的人生的。德摩斯梯尼最后为什么不得不服毒自尽了呢？他的一生难道不是都献给了恢复自我吗？他是真的治愈了使自我受伤的伤痕了吗？

我并不认为他治愈了自我上的伤痕。我想他到最后都仍然在忍受着伤害。我认为他是强拉硬拽着那个受了伤的自我度过了他的一生，所以最后才步入了自杀的末路。他的自卑感并没有得到补偿，我觉得这样看待他的一生才是正确的。

所以我实在无法赞同，人们把德摩斯梯尼的行为作为补偿自卑感的有力证明。苦于自卑的人，是无法进行创造与生产的。德摩斯梯尼一定是到了人生的最后都在厌恶着自己。

为什么要拿这样的人做青年人的榜样呢？经常在杂志上看到人们夸奖德摩斯梯尼是如何努力，以此来鼓励大家也要努力。但是我实在无法认同，把德摩斯梯尼当成努力的例子。总而言之，我认为他也输给了人们的目光，赞扬德摩斯梯尼意味着让无数的青年人过上和他一样不幸的一生。

对于德摩斯梯尼来说真正应该做的是，接受无法清楚念出R的发音的自己。在我看来,德摩斯梯尼与那些失足少年一样是精神上的输家。口吃与自身真正的价值有什么关系?这真的是不值一提的小事呀。他没有构建属于自己的价值观。

如果他能够接受口吃的自己,就能够恢复自我上面的伤痕了,也可以形成与以往不一样的真实的自我了。

德摩斯梯尼努力了。他不断地付出行动,但最终却因此构建了一个与他的本质甚为疏远的世界。他越是行动,自己的内心越是匮乏,越来越远离那个真实的自己。所以我真的认为德摩斯梯尼做错了。

最终,他到达了自我异化的极限,精神荒芜,丧失了自我,选择了自杀。

实际上只有他接受了自己的口吃,才有可能真正发挥肉体以及精神上的能量。

自卑的他在成为雄辩家的那一刻,是否获得优越感呢?我想那是当然的。在面对口才不佳的人时,他一定心怀优越。

他被优越感与自卑裹挟着,逐渐丧失了自我。他的身边一定没有能够敞开心扉相谈甚欢的朋友。对于他身边的人来说,他应该是个不怎么惹人喜欢的角色。他大概是那种内心深处明明没有自信,却又不断炫耀自己的优越的人。

▲从接受"现在的自己"开始

《自助·救助·辅导》(村山正治等编,福村出版社)里记载了福冈言友会的发展历程。我阅读这本书时就会想,德摩斯梯尼是真的做错了。

言友会是一个口吃者的组织。比起一个人烦恼，大家聚在一起确实是个好办法，但是言友会最初不仅教大家发声的方法，还很重视口吃者的精神层面。

"战胜自卑感和不安，为了增加在人前说话的自信，我们会一起进行街头演说。"

我读到这里就会想到德摩斯梯尼付出的努力。而且这个组织也确实把德摩斯梯尼当作优秀的例子来鼓舞大家。

"我们活动的基础是有人认为'口吃是不好的，是缺陷，口吃好不了是努力不够。口吃好不了是意志太薄弱'。"但是渐渐地组织的态度发生了改变。"只看得见自己口吃的会员的视野变广阔了。……很多人可以接受口吃不容易治愈的事实了。"

不久，言友会的全国性组织全言连提出了"否定对治疗口吃做出的努力"。这其实就是在提倡要接纳自己，因为觉得口吃的自己是没有价值的这种想法是错误的，这么想的话就会变成德摩斯梯尼那样的输家。

不要否定自己，接受原本的自己、尊敬原本的自己、爱原本的自己才是最重要的事。别人不会因为你是口吃者便不认可你。如果别人不认可你，一定是因为身为口吃者的你本身不愿意认可自己，所以别人才会不认可你。自己憎恶自己的话，别人也会不接受你。

问题不在于口吃这件事上，真正的问题其实是在你对待自己是口吃者的态度上面。福冈县的言友会也提出了"否定将自己人生所有的努力都用在治疗口吃上"，这是在提倡人们去思考人生更重要的事情。在这本书中，记录了许许多多口吃者的个人体验。其中有一位大二学生的故事。"我在都市的中心进行了演说，很厉害吧！"他感到了无比的优越感，并且在当天的日记里写道："用明天就要死了的心情去演说吧！"但是他也逐渐地对这种精神强化产生了怀疑。

患有社交恐惧症的人中，有很多人试图在人际关系上做得比别人优秀，有一种争强好胜的感觉。但是这种争强好胜，反而会让他们的症状恶化。别人明明没有期待他们做什么，争强好胜的人却会自己产生很多误解。

争强好胜看起来似乎不是件坏事，它其实是内心恐惧的一种表现。同时，争强好胜是依赖症的一种表现，他觉得自己很弱小、很不可靠，仅此而已。争强好胜的人，大多害怕直面自己的问题。对于争强好胜的人来说，实际上谁都没有威胁他，他却会感觉受到了旁人的威胁。

福冈县的言友会在强调"治不好是本人意志薄弱"的时候，整个组织是非常排外的，之所以会排外，是因为心中怀有憎恶。人被心中的憎恶所驱使，就会在外界树立敌人。

但是读了那些体验日记后我发现，最后他们开始学着接纳自己了。

"我们为了治疗口吃花费了庞大的精力，同时怠慢了很多事情。我们紧紧盯着想要治好口吃这件事，忘记了很多真正想要去做的事、活着的意义以及人生的乐趣。其实我们的精力，不应该耗在治疗口吃上，而不是应该用来更好地活着吗？"

接受原本的自己是一切的出发点。同时，这也与心理上的安全感有关。如果不能接受原本的自己，就会分不清谁在真正帮助我们，谁在践踏我们。

2

▲

3

自我保护过度的人都有不愿暴露的弱点

▲偏执状况暗示人类的两个侧面

我认为德摩斯梯尼的心生了病。乔治·温伯格曾提出过偏执狂的两个要素。

第一,我们每个人都有自己特别关心的东西。这个东西也许是工作,也许是爱情,或者像是汽车之类的兴趣爱好。

第二,我们每个人都能感到自己内心的软弱。同时我们觉得这个软弱会使我们失去现在所得到的东西,这造就了我们的不安。

德摩斯梯尼无疑是具有这两个要素的。

他作为雄辩家获得了至高的名望。并且对于他来说,这份名望极其宝贵。他一定认为这份名望是他的幸福所不可匮乏的东西。

但是,他也知道自己内心的软弱,这份软弱可能来自他曾经的口吃。他因为这特别的软弱,一直担心自己现在所获得的名望有一天会离他而去,我想他一直被这样的不安驱使着吧。

因此,他不得不为了保护他的名望而不断努力、行动。但是,越是采取这种自我防御性的行动,他的不安越会加重。不知何时名望会离他而去的担忧和他对自己弱点的畏惧也会越来越强。

▲越是不安的人越是会做出自我防御性的言行

　　谁都有对自己很重要的东西，谁都有弱点，但是将两者联系在一起而做出防御性的行动是非常危险的。

　　德摩斯梯尼将两者联系在一起，才有了不得不一直做自我防御性的演说的冲动。他的内心大概一直在催促着他，做更多更好的演说，做更多能够吸引人的演说吧。

　　很多社会人士虽然不至于像德摩斯梯尼那样最终走上了自杀的绝路，但也都具有偏执狂前期的症状。有些人期盼进入知名企业，成为科长，成为部长。对于这样的人，科长的地位非常重要。他们认为如果没有企业的名望及科长的地位，自己就得不到他人的关注。他们觉得地位就是自己幸福的本质。

　　其实，对于自己的弱点，他有着执着又含糊的感觉。实际上，在他的心底，并不觉得自己有什么能力，他一直为自己的弱点苦恼着。但是，他们会对别人掩饰这一点。他们会担心自己是不是在公司爬得太高了。

　　这个世界上，有人为了无法出人头地而感到不满，也有人因为自己出人头地了而感到不安。不满的人觉得自己明明可以更成功。但是，这种心怀不满的人一旦因为某种原因出人头地了，接下来可能又会陷入不安。

有些人因为上不去而感到不满，有些人因为爬得太高而感到不安。这些感到不安的人，具有很强的自我防御性的冲动。于是可能就会发领导的牢骚，或是拖同事的后腿，总是对同事找碴儿。他们会变得过度批判他人，以此来保护自己。

他们过度批判他人，是为了不让别人来评价他。如果心中没有不安，人不会故意为自己辩护。但是他们变得过度批判他人，反而会增强他们心中担心会失去重要的地位的不安。

▲用伪博士称谓"爬得过高"的大学教授的心理

大学里也有这样的人。在某所大学，有一位教授，宣称自己在英国某大学获得了博士学位，于是他所任职的大学便开始以博士的待遇来对待他。但是几年后，传出他疑似撒谎的传闻。

这个传闻的可信度非常高，于是大学对他展开了调查，最终发现他确实撒了谎。

大概他在伪装博士的过程中越来越确信了博士称谓对他的重要性吧。他如果没有撒过这个谎，也许就不会觉得博士称谓有那么重要，或者对他来说博士称谓已经重要到了需要撒谎的程度吧。并且在持续撒谎的这段时间里，他可能会愈加感受到，如果没有博士称谓，自己可能得不到他人的尊敬吧。博士称谓所象征的东西，一定一天一天地在他的心里变得更加重要。他一定是愈发觉得如果没有博士称谓所象征的东西自己就会被别人瞧不起吧。

也许他一开始只是以一种开玩笑的态度在朋友面前说自己在英国取得了博士学位。至少在那个时候他不会因为自己的真实学位感到不安。但是，那种玩笑似的发言，在他心中像滚雪球一样越变越大，让他越来越觉得博士称谓很重要。

最终他认定真相将妨碍他在社会上的发展。他在向大学报告假的博士学位的时候，至少是这么想的吧。

他的谎言一定一直困扰着他。如果被拆穿了该怎么办，他也许经历了许多不眠之夜。这个世界上还存在着许多因撒谎而心生恐惧的人。

自己隐藏的弱点可能会妨碍自己的发展，这样想的人在社会上比比皆是。正如先前我们提到的那些担心自己爬得太高的不安者。

我想大概有很多人都无法笑着面对德摩斯梯尼吧。

2

▲

4

抛下恐惧那一刻，人才能变得自由

▲伊壁鸠鲁带给我们的人生启发

在希腊文明中,我最关注的人除了德摩斯梯尼外还有一位,那就是伊壁鸠鲁[伊壁鸠鲁(希腊文:Ἐπίκουρος,英文:Epicurus,前341年—前270年),古希腊哲学家、无神论者(被认为是西方第一个无神论哲学家),伊壁鸠鲁学派的创始人。他的学说的主要宗旨就是要达到不受干扰的宁静状态,学会快乐。]。我觉得他们两个采取了完全不同的两种活法。伊壁鸠鲁比柏拉图还要晚出生约一个世纪,他是活跃于公元前4世纪末到公元前3世纪初的一位哲学家。

伊壁鸠鲁曾是德谟克利特[德谟克利特(希腊文:Δημόκριτος,英文:Demokritos,约公元前460年—前370年),古希腊伟大的唯物主义哲学家,原子唯物论学说的创始人之一。]的门徒,后来遭到放逐,之后一直生活得很贫困。据说他十九岁时已经养成了独自一人生活的习惯。据安德烈·波纳尔的《希腊文明史》记载,伊壁鸠鲁曾是个非常敏感的容易受伤的人,并且他还患上了当时医学无法治疗的胃病与膀胱疾病。

德摩斯梯尼口吃,伊壁鸠鲁有身体上的病痛,但伊壁鸠鲁根本不介意自己每天都有可能要吐上两次这事,也就是说他接受了自己身体上的疾病,他选择了与疾病合作的生存之道。

伊壁鸠鲁知道,自己无法脱一些状态,但是他没有放弃在这种状态下追求幸福。他忍受着病痛进行冥想,度过了朴素的十二年。

在被病痛及贫困折磨的这段时间里,他依然懂得要爱自己的朋友,并且收获了被朋友爱的喜悦。

患有神经症的人虽然嘴上会说健康是财富、朋友是财富,但是真到要做的时候只会把财富当作财富。

我认为年纪大了以后最重要的就是朋友和兴趣。朋友的意思是"能够敞开心扉交流的人",也可以是夫妻,总之就是要有"能够敞开心扉交流的人"。

德摩斯梯尼虽然获得了成功,却没有像伊壁鸠鲁那样有朋友陪伴在身边。

刚刚提到的《希腊文明史》中记载,伊壁鸠鲁在最后的日子里如此写道:"我迎来了幸福人生的最后一天,我在这里给你写下这封信。膀胱和胃上的疾病依然如故,剧痛不曾改变。

"但是这些苦痛却远远不及与你交流所获得的灵魂上的喜悦。正如你少年时和我一起为哲学倾尽全力一般,希望你能尽全力照顾迈特道瑞斯(Metrodorus)的孩子。"

据说这封信是写给他死时不在场的亲友们的,并且拜托大家要照顾已逝的迈特道瑞斯的孩子,希望大家在他自己死后也能温柔地对待那些孩子。

这样死去的伊壁鸠鲁品尝到了灵魂的孤独吗?我没有找到有关德摩斯梯尼自杀的详细资料,但是我想大概能够推测出他是在悲惨的灵魂的孤独中死去的吧。

很多人讨论青年时期的孤独,但是高龄者的孤独是更深刻的问题。人在死的时候大多是孤独的。但是死的时候也能想起所爱之人的话,这和那些一直封闭自我、没有所爱之人的人所体验的死亡一定是完全不同的吧。

德摩斯梯尼生存的时代是古代世界最黑暗的时代,是希腊文化衰退的时代。他一直在思考,在这样的时代背景下如何能变得幸福。

莎士比亚曾说过："世间本无善恶，端看个人想法。"

虽然很多人质疑是否真是如此，但是思考、想法能够在很大程度上影响我们的心情，这是毋庸置疑的。

比如跟"失去"相比，想成是"还回去了"会让我们的心情更轻松一些吧？同样是奔跑，"被追赶"和"追赶"的焦躁一定不同。

沮丧的人、忧愁的人、不幸的人，都很容易用不幸的眼光去看待事物。而之所以会这么想，大多是因为心中怀有不安吧。人如果变得过度具有防御性，只会让自己越来越不幸。

▲如果惧怕他人就无法形成自我

对于伊壁鸠鲁来说，哲学是探讨活着的学问。他曾说过："哲学不应该只是做做样子，而应该身体力行地去做。

我认为人的自我异化正是源于这种做做样子。

明明工作能力不强却要装出工作能力很强的样子、没什么才华却要装出很有才华的样子、没有钱要装出有钱的样子，这些都是为了别人心目中的自己所做出的行动，不是为了做好一件事而做的行动。

我认识的一位男士觉得自己如果不会说三国语言就得不到伙伴们的尊敬，于是他努力给人制造一种自己能够说三国语言的印象。

但是，这种行为只会加强他不会说三国语言就会被人看不起、真实的自己会被人看不起的恐惧感。同时，给予他人与真实的自己不同的印象也会使自己越来越不安。

伊壁鸠鲁认为，我们追求的不是看起来健康，而是要真的变健康。但是有时候人会把能量用在看起来健康上面。这就是自我异化。

是真的想要变得幸福，还是想要看起来幸福，这完全是两种欲望。

有很多人为了看起来幸福而让自己变得不幸。有很多女性因为三十岁了不愿意再独自一人，所以和并不喜欢的男性结了婚。还有明明已经知道该分开了，但还是会考虑别人的看法而继续在一起的夫妻。

伊壁鸠鲁认为人是不幸的，但人是为了活得快乐而降生于世的。人的不幸来自心里的恐惧。

人会对神灵与死亡感到恐惧。但是伊壁鸠鲁认为死亡与神灵都不是应该去害怕的东西。

伊壁鸠鲁曾说，神并不需要我们。同时我们也无法用善行来获得神的恩宠。

他还有一句名言："当我们活着时，死亡还没有来临；当死亡来临的时候，我们已经不存在了。"

伊壁鸠鲁一直在努力通过抛弃让人感到痛苦的恐惧来获得幸福。但是现在与伊壁鸠鲁的时代已然不同，我们并不那么惧怕神明，让我们感到害怕的可能更多是他人吧。

那个名为他人到底是怎么看待自己的恐惧，常常让人叫苦不迭。从这种恐怖中解放出来的时候，人才能感受到真正的自己在内心中形成，才能真正开始做自己。

当从这种恐惧中解脱后，人才能以完整的样子活着。

2

▲

5

希望别人"属于自己"是一种错误的生活态度

▲欲望没有得到满足的人会将他人物化

假设一个人因为在社会上混得不好而导致诸多欲望没有得到满足,比如他觉得在公司里自己明明应该能爬得更高,为此正感到不满,这时候他看到某个同事在批评公司没有用人的眼光就会喜欢上这个人。或者不能说是喜欢,而是需要。他误以为自己喜欢那个说公司坏话的同事。其实他是需要通过那个同事的言语来恢复自身精神上的平衡。

或者他会嫉妒自己的同事,他会需要那些说"能够往上爬的同事都是马屁精"的人。回到家后,他会在妻子、孩子面前说"出人头地是多么没有意义的事",只要他的妻子、孩子赞同他的观点,他就会"爱"他们。

他其实谁都不爱。他寻求的不过是能够减少自己精神上的不均衡、没有得到满足的欲望、精神上的焦躁。他需要这样的人,他"爱这样的人"。他错把这种需要当成爱。妻子、孩子如果能够猜测他的喜好,如果能够迎合他说"出人头地是没有意义的事",那么他越是欲望得不到满足,便越会觉得他非常爱自己的妻子和孩子。

这有一点像是在喝精神安定剂一样。自恋者像占有药品一样占有他人,会像对药品上瘾一般,去"爱"能够让他们感到安定的人。自恋者对妻子、孩子、身边的人的爱就像是爱救命药一样,而不是把他们当作一个人来爱。他越是需要这个对他来说是救命药的人,越会加深这种错觉的爱。

他们在孩子里当然会"爱"那个最好的。这有点像病人想用更好的药一样,像是越能带给他们精神上安定的药就越好一样,最能带给他们精神上的安定的孩子就是最好的。

对待周围的人也是一样。因为自己心中的欲望没有得到满足,所以就会想要一直和能够消除他们这种不满的人在一起,然后错以为自己是爱这个人。他需要的并不是独立的这个人。他需要的是"出人头地很无聊""那家伙就是马屁精""那种上司没有用人的眼光"等这样的话语,所以他并不是把那个人当作一个人来爱、来亲近。

一个男人在社会上受到了挫折,很容易到家庭里寻找救济。但是他的家里人会受不了。

▲如果想做"真正的自己"就要拒绝他人的期待

我曾经翻译过美国心理学家布斯卡利亚的书。那本书中摘录过一段年轻诗人米哈伊尔的诗:

我的幸福是我就是我。而非你。你的存在只是暂时的。而你想要的不是真正的我。

如果为了满足你的利己主义而改变了我自己,我不会变得幸福，也不会感到满足。

我无法像你一样思考，我看不见你看到的，当你这样说我时，你把我称作造反者。

然而我拒绝你的想法的时候，其实是你在反抗着我的想法。

我不会为了进入你的心里而改变我的形状。我知道你一直在努力做着你本来的样子。

我不会原谅你曾经命令我改变。

因为，我也努力做着我本来的样子。

……但是，为什么，你努力向自己证明着你是谁，却要来操控我的人生？

为了确立自我，我们不能成为那些想要操控别人人生的人的牺牲品。为了确立自我而去操控别人人生的人，是对自己的感情不负责任的人。如果父母是这样的人，孩子就会受不了。

如果说了伤害父母自恋情绪的话，父母就会发怒，或者变得心情很糟糕，然后就会指责孩子"你说话真过分"，或是"为什么老要让别人不高兴""老做这种讨厌的事，真是受不了你"，等等。

这些话语的意思是"我因为你生气了""我因为你感到不愉快了""我因为你感到难过了"。

在这样的环境中长大的孩子，会觉得别人的不愉快都是自己的错。长大成人后，会很容易被他人的感情所左右，活得战战兢兢，甚至会在自己明明没有错的时候，也觉得周围的人是在责备自己。

在总是让自己的情感正当化的人群中成长起来的孩子是不幸的。父母感到愤怒或不愉快的时候，只要将这份感情正当化，就会变成是孩子的错。

我小的时候会盲目服从周围人说的话，而这正是让我的人生变得艰辛的元凶所在。

▲肯定自我，否定他人——自恋者的精神构造

自己是优秀的，别人都不行，和有这种肯定自我、否定他人的心理的人接触是十分困难的。特别是具有这种心理的人处在高位时，位低于他的人会很悲惨。位低于他的人会觉得自己是个没用的人，会被无力感及自我厌恶所包围。

肯定自我、否定他人的父母的孩子的悲惨是不可度量

的。这种孩子总是会觉得心情不好,有点什么事就马上变得很忧愁,并且总是觉得自己靠不住,于是会马上服从于那些有权威的人,用顺从的态度表尽忠心的同时在心底对那个人怀有敌意。

另外,肯定自我、否定他人的父母支配欲强且疑心很重。孩子从来不曾有被信任的体验,这件事会给孩子一生带来心灵上的伤害。

"肯定自我、否定他人的构造中代表性的东西是独善·排他主义。具有这种心理的人当中,有不少人拥有斗志满满的人生态度,觉得在自己所属部门或组织内,自己早晚有一天会成为领导。但是,他们最讨厌的是与他人合作去完成一件事。在职场上他们可能被人视作'工作鬼才'或是'超人',但是没有得到他们认可的部下或员工最终都会离开他们。"(《人生戏剧的自我分析》杉田峰康,创元社)

这本书的作者认为,父母如果是这一类型的人会对教育很上心,对孩子很严格。但因为他们是肯定自我、否定他人的人,所以孩子如果没能达成他们预期的成果便会非常严厉地责备孩子。

2

▲

6

对 精 神 上 的 自 律 有 益 的 事

▲你有自己的意见或感受吗？

同样都是孩子，但是能够对父亲的自尊心有帮助的孩子会得到更多的爱，做不到的孩子则得不到爱。同样都是孩子，但是情绪上不成熟的孩子会得到更多的爱，精神上自律的孩子则得不到爱。为什么会这样呢？正如前文所述，情绪上未成熟的人能够满足于被他人所拥有。情绪上未成熟的孩子会优先服从父母说的话，这会带给父母精神上的安定。虽然这么做会得到父母的爱，但是拥有精神自律的人会极度讨厌被人所拥有，精神自律的人有自己的主见。精神自律的人会认为，自己的存在不是为了提高父母的威信，有时还可能会做出伤害到父母的威信的举动。

精神上自律的人拥有自己的感受。他们不会认为父亲很有男子气概，自己就要很有男子气概。自恋的父亲通常都会觉得自己做的事很有男子气概，而精神上自律的孩子会以自己的感觉来判断什么是男子气概。如此一来就会发现，有时候父亲做的事是那么的"娘娘腔"。

例如，父母说"商人那种卑躬屈膝的态度真讨厌"，情绪上未成熟的孩子就会附和"是呀，虚情假意地低着头，真的很讨厌，和他相比……"接着会赞扬自己父母的职业。但是，获得了精神上的自律的孩子会有自己的感受，也许会觉得"当商人也很有意思"，然后会肯定商人的行为，觉得商人的世界是男人的世界。如果他说出这种话，就会伤害了父母的威信。

▲"独当一面"的人不会受他人所支配

也就是说，获得了精神上的自律即代表着会用自己的头脑思考问题。自恋的父母通常会向孩子灌输"不要按照你想的来，要按照我想的去想"。对此能回答"不，我要有自己的想法"的人，是已经独立了的人。

对于自恋的父母所提出的"不要按照你的感受去感受，要感受我的感受"的要求，能够回答"我要有自己的感受"的人，是能够独当一面的人。众多的精神症患者，都是会完全服从于自恋的父母的人。

自恋的父母为了提高自己的威信，心中会有"谁贡献了多少"这样一个价值判断标准，以此来区别对待孩子。他们会觉得精神上独当一面的孩子是白眼狼，感叹为什么孩子会变成这么糟糕的人。他们会觉得，我这么努力地爱你们、努力地做个杰出的人，孩子却变成了那样。

父母如果要求孩子"不要去感受你的感受，要感受我的感受"，那么，以顺从、忠诚的态度来对待父母的孩子，当然会失去自己的感受，变得只会顾虑父母的感受。

如此一来，就成了"率直的好孩子"。并且，要求"不要去感受你的感受，要感受我的感受"的父母会觉得自己家的孩子比别人家的孩子都优秀。这就是那些"不可思议的好孩子"的真实状况。这样的孩子到了青年时期如果患上了神经症，他的父母会生气地认为"我原来那么地疼你，你怎么会生病"。

而他们肯定不会觉得，造成孩子患上神经症的正是其自身"不要去感受你的感受，要感受我的感受"的要求。

我记得有一次在广播中庆祝成人仪式的时候说，离家出走是对父母精神上的断奶，离婚是对社会精神上的断奶，而引起了很大的争议。其实我想说的是，能够拒绝他人精神上的所有的时候，才是一个人真正成年的时刻。

▲试着对父母的依赖"发起叛变"

如果父母是自恋的人，试着将父母反对的恋爱进行到底是一件很重要的事。通过坚持父母不属意的恋爱可以切断与父母间不健康的粘连。

通过这样的恋爱，可以开始逃离父母所属意的形象。

"对过于严厉的母亲的权威感到的恐惧，会妨碍孩子发挥自己的可能性。孩子为了逃避父母的支配与处罚，为了确保对自己有依赖感的父母的爱，会将自己塑造成父母喜欢的样子。同时，对束缚住他成长及完成自我的父母，会在潜意识里生出憎恶感。"《人间关系的病理学》，弗瑞

达·弗罗姆-瑞茨曼，日版早坂泰次郎译，诚信书房）

　　就算不是父母属意的恋爱，在动情的那一刻也要将之进行到底的重要原因，也许就是这样。

　　服从于自恋的父母的人，是被禁止了成长的人，并且在心底对父母怀有憎恶情绪。正因如此，才会一边服从父母，一边在心底的某处对父母无法敞开心扉。

　　通过恋爱成长的人，就算有一时的反叛，那种憎恶感也不会再黏在心底。所以，当反抗结束后，就能真的对父母敞开心扉了。

　　我们不得不意识到，到了一定年龄还是有很强的依赖心理的人，同时会具有很强的敌意。并且，这种依赖心理与敌意激烈的冲突会让这个人充满不安。

　　正在读这本书的你，如果一直对父母非常依赖的话，现在就需要重新审视自己的内心。你是否能够说出"我审视了自己的内心，没有对父母怀有敌意"？

　　重要的是，即使有恐惧、踌躇，也要认可那份敌意。并且，如果感受到了自己心中隐藏的敌意，就要反省自己的依赖心理了。

7

渴望"威信"的人心理上是分裂的

▲ "不安"——诸恶之源

弗洛姆是如此描述不安的："有不安，就会有不安定。有不安定，就会有自尊的匮乏。有自尊的匮乏，就会在面对他人时有尊敬的匮乏。不安会妨碍人与人的交往，感到不安的人会恐惧收获与付出亲密，不安是孤独及敌意等神经症患者的常见病征的原因。"《人间关系的病理学》》

不安是诸恶之源。

紧紧抓住自己能力所不及的部长的地位而神经过敏的人，是身陷于这种恐惧与不安的世界的人。所以他们才会紧紧抓住部长的地位不愿放手。他认为高层的地位关乎自己的安全性。

对于情绪上不成熟、精神总是紧张的人来说，所需要的是自己的工作给自己带来的威信。他们对工作本身没有兴趣，只会关心工作带给他们的社会地位。

患有神经症的人面对工作总是会自我分裂。分裂的自我所拥有的东西并不会带来深层的满足感。分裂的自我 (divided self)，是神经症患者的特征，也是他们的悲剧。

用罗洛·梅〔罗洛·梅（Rollo May，1909年4月21日—1994年10月22日）被称作美国存在心理学之父，也是人本主义心理学的杰出代表。20世纪中叶，他把欧洲的存在主义哲学和心理学思想介绍到美国，开创了美国的存在分析学和存在心理治疗。他著述颇丰，推动了美国人本主义心理学的发展，也拓展了心理治疗的方法和手段。〕的话来说，神经症即是人格之中带有相互矛盾的倾向性。

他们不会忘记时间地投入工作，对他们来说时间不过是烦人的内在经验。所以，这样的人如果得到了高层之类的责任重大的职位，很可能会变得神经过敏或是具有自杀倾向。

▲自我分裂的人复杂的心理构造

他们心中具有互相矛盾的倾向性。他们既需要对于活着来说十分重要的威信，又想要逃离威信。正因被这种分裂的自我所撕扯着，所以就算他们达成了出人头地的愿望，他们的心也离幸福很遥远。

另外，自我分裂的人会误以为自由就是指可以偷懒的时间。

现在，大学教授这个职业在社会上的威信已经遭到了重创。多年前，大学教授的头衔在社会上还是十分有信誉度的。当时有过这么一件事。A先生为了成为大学教授非常勤勉努力，这份努力最终让他成了大学教授。在很久以前我和他聊天时，他屡次提到"大学教授很自由，真好"，当时我就有一种奇妙的感觉。他所说的"大学教授很自由，真好"的意思是，大学教授有暑假、寒假和春假。

对他来说，自由指的是不用去学校的日子。如果他是因为没有干成别的职业，无奈选择了大学教授的话，他说的这番话还可以理解。但他是想当教授才成为教授的，并且投入了大半生的努力。从花费半生心血换来的东西里解放出来，还把这当成自由的话，只能用悲惨来形容了吧。对他来说，大学教授是理想中的职业，但同时也是份讨厌的工作。所以他想要的并不是那份工作的内容，而是那份工作所伴随的威信，可见他的内心有着强烈的自我分裂。

对于大学教授来说，自由应该是能够进行自己想做的研究、写自己想写的书，以及交付学生自己想要研究的领域的知识吧？书斋、教室和研究室才应该是让他感到自由的地方，并且能够在社会上发表自己的成果，这才应该是他的自由吧。然而，对他来说，自由却指从这些场所中解放出来。

他的心已经没有了活力，内心深处是自我分裂的，他因此感到痛苦。他年过六十，大概已经不知道该如何是好了吧。可能他的余生都要抓牢大学教授给他带来的社会威信，却越来越厌恶这份工作。

具有神经性自尊心的人觉得自己靠不住，他们会试图通过权威来弥补内心的空虚。拥有健康的自尊心的人则想拥有具体的成就。

具有神经性自尊心的人，除了会追求有权威性的工作，还会追求与有权威的人交往，但是拥有健康的自尊心的人，会和自己喜欢的人交往。具有神经性自尊心的人，会想要进入有名的俱乐部，而拥有健康的自尊心的人，无论在哪个俱乐部里，都会考虑自己在俱乐部里实际做点什么。

▲被"自己不可靠"支配——追求威信的理由

可能有人觉得，这本书中举出的几个例子都是过于极端的。但是在现代社会里，人或多或少都有相同的心理吧？现代人的内心深处或多或少都有着龟裂与撕扯吧。

问题在于龟裂的深浅吧。当然，也有内心没有龟裂的人。拥有完全统一的自我的人也是有的，他们都是一些幸运的人，我认为这样的人才是这个时代最受欢迎人。如之前所述,在问卷调查中常常会出现看似很理所当然的问题:你是想舒舒服服、自由自在地活着,还是想要出人头地呢?

舒服与自由不一定有共同点,而出人头地和不自由也并非是必然的因果关系。但是,从刚刚提到的大学教授或是高层的例子来看,能够舒舒服服地享受,不用工作就是他们的自由。我认为,自由不是什么都不做,而应该是可以做点什么。

对于演员来说,演戏就是自由的实现。扮演某一个角色就是演员自由的实现。身为演员却什么也不演,绝对称不上是自由。不如说这是演员的自由的死亡。但是,讨厌当演员却成了演员的人,就像刚刚那位大学教授一样能够远离戏剧的地方就是自由的。

他们为什么会那么渴望威信呢?

对他们来说安全比满足更加重要。他们心里极其没有依靠,在心底深知自己的弱小,并且在潜意识中觉得自己所处的这个世界与自己是敌对的。为了在这个敌对的世界中生存,弱小的自己该如何去做呢?这个时候他们觉得可以依靠的只有威信。

他们心中无所依,所以才去寻求威信。其实世界并非与他们为敌,他们却觉得全世界都是自己的敌人。他们认为在敌对的世界面前必须要隐藏自己的弱小,而保护弱小的自己的手段就是获得威信。

他们到哪儿都觉得没有依靠,他们在哪儿都觉得自己很孤独。为什么会这样,因为他们无法对敌对的他人敞开心扉。他们总是向别人展示伪装出来的自己,日日夜夜进行着与孤独的战斗。

2

▲

8

克服自恋情绪，人就能自然而然地稳住内心世界

▲对外一副笑脸,内心却是不满——癔症性格的特征

克雷奇默 [恩斯特·克雷奇默（Ernst Kretschmer, 1888年10月8日—1964年2月8日），德国精神病学家和心理学家。克雷奇默以研究体态、体质与人格特征的关系闻名。他在丰富的精神病治疗和研究的基础上提出生物类型说，探讨体质生物学特点和心理特征的关系，并依据其关系进行分类。他继其师克雷佩林之后，将精神病分为精神分裂症和躁狂症两大类，并对精神病患者施以生理特征测量。]的书中介绍说，癔症性格是指彻底自恋的心理构造。像小孩一样的成年人，是一种癔症性格。同时，没有形成本质上的自我，也就是所谓的情绪上不成熟。

但是头脑的发育与情绪无关。人并不会因为自恋而头脑不好，也不会因为形成了本质上的自我就头脑很好。所以，老奸巨猾和幼稚共存于这种人的体内。他可能是个特别恐怖的老奸巨猾的人，但也会有像小孩子一样气鼓鼓的时候。也就是说，他在为了增加自己的威信的活动上可以十分老奸巨猾，但是当自己的虚荣心受到伤害时，哪怕只是别人无心的一句话，也会马上表现出愤怒。他还会像孩子一样，胜过别人时会表现得特别高兴。

克雷奇默认为他们是病态的欺骗者，确实，他们对骗人没有任何的罪恶感。他们的生活中充满了欺骗。所以，第一次与癔症性格的人接触时会觉得他是个很不错的人，但是与他们交往密切或深入交往后会意识到他们心里的冷酷以及充满欺骗性的性格。如果他们获得了地位，就会利用

地位来欺骗他人；如果他们获得了财富，就会利用财富去欺骗他人；如果他们拥有美貌，就会利用美貌来欺骗他人。

当他们远离人群时，他们内心的那张脸永远是不高兴的。他们会用笑脸去迎合他人，但不会用笑脸迎合自己。因为不高兴所以不关心，这就是癔症性格、自恋者、自我疏远的人的特征。但是他们为什么要如此欺骗他人与自我呢？

这是因为，既不爱妻子儿女，也不爱山河大海的人，唯有去追求在他人心中将自己的形象无限放大这件事了。如果他有百万家财，他会以自己仿佛拥有上千万家财的样子去欺骗他人，但是这件事并不能让他感到满足。所以他不得不加倍地去欺骗他人。他们绝不会拥有像热爱大海、与大海有深入接触的海的男儿那般的满足感。这种病态的欺骗者，只能抱着自己孤独的灵魂坠入无限的深渊。

癔症性格者总是对体验充满渴望。因为他们登山时也不会与大山有真正的交流，所以就会极度渴望攀登某某名山这样的体验。真正喜爱大山、与大山有深入交流的人，无论是登哪座山，都可以从登山中获得各种各样的满足感。他们通过登山的行为来完成自我。但是无法与大山有深入交流的癔症性格者，只是需要能与他人或自己提起的攀登过某某名山的经验罢了。

我曾经攀登过某某名山，他们想要的只是这种能够畅谈的体验，这是因为他们并不爱大山吧。热爱大山，无论攀登哪座山，目的只是攀登且能为此感到满足的人，没有必要总是故意提起，以确认自己登过山的事实。因为登山并不是一件需要留到之后去评论的事，在登山的那个时刻就已经足够满足了。

癔症性格者不理解体验本身的重量。癔症性格者内心充满了不快，却要在表面上装出一副很快活的样子。内心不活泼外表却很开心，内心很冷酷却表现得对人很亲切。

▲宣布"我就是我"——克服自恋的方法

为了逃离这条无止境的不安与不断重复的不幸的道路，只有克服自恋这一个选择。从自恋到自由的汪洋大海——这种人的自然的成长才是让他从不幸中解放出来的唯一办法。当然，有的环境更容易让人克服自恋，而有的环境则需要付出拼死的代价。

最难克服的环境就是之前所说的，父母是自恋的人的环境。自恋的父母只会将孩子视为自己的所有物，孩子的成长，对他们来说就像看着孩子在变成恶魔一般。孩子的心灵变得丰满，对他们来说就像是非人性的东西占领了孩子的心灵一样。

因此，拥有自恋的父母的孩子若想克服自己的自恋，让自己的情绪变得成熟，势必要和父母有一场血战，要宣布"我就是我自己"。请试着对父母喊出："我曾经试图成为另外一种人，但是我就是我。"

同时对周围的人也要提出"请看到真正的我,不要把我看作××"的要求。如果对方不能接受这个要求,那么就只有与他诀别了。要意识到"我不能成为你期待的样子,不代表我就是个没用的人"。

和自恋的父母的战斗中最关键的是,要改变自己,而不是改变父母。

但是无论如何,没有与父母精神上的断奶,一切的可能便都会被剥夺。

父母给孩子传输的禁止命令中,有很多可怕的东西,其中之一就是"不要成长"。孩子精神上的成长,对情绪不成熟的父母来说是一种压力。并且这种"不要成长"的禁止命令,有时候会藏在对孩子的溺爱里。

孩子会感受到父母不希望自己成长的想法,所以就一直保持弱小、无助的姿态,孩子坚信这是不失去父母的爱的唯一办法。

违背"不要成长"的禁止命令,是一件很难的事。弱小、无助、不用自己的头脑思考,这些已经深深烙印在了孩子的心中。孩子会觉得用自己的头脑思考是一件可怕的事。

为了不失去父母的爱,保持弱小、无助的姿态,不去用自己的头脑思考,破坏掉这种已经形成的构造,新的人生才能开始。

29

"没有意义的一天"能够让心获得安稳

▲情绪的成长所必要的"没有收获的一天"

你有没有过不去做一件事就感到焦虑的时候？但是，你当时需要的其实是那份焦虑吧？

你总是感到焦虑。如果哪一天没有产出你就会感到焦虑；如果哪一天没有明确的成果你就会心里不踏实；想到今天一天没做什么正经工作就会感到焦虑；今天没有认识新的人，人脉没有扩展，就会感到焦虑；今天一天都没有什么能够拿出去和人炫耀的新的经验就会感到焦虑；今天没有学会什么新的技能就会感到焦虑。

实际上，你需要去体验的一天正是现在的你看作"没有收获的一天"。只是普通地过了一天的日子，这样的日子才是你成长所必要的东西。这不是你还没有体验过的事情吗？

如果从"为了××"的角度思考的话，好像对什么都没有帮助的一天其实才是让人的情绪变得成熟所必要的东西。

小的时候，在草原上奔跑，跑累了就仰面朝天地睡去，会觉得"啊，真舒服啊"。你是不是没有过这样的一天？

在森林里玩耍，突然开始期待"今天的晚饭是什么呢"。

在这样的日子中，会建立起人活着的基础。

小学的时候，不去做数学题而只顾着玩的一天，正是这样的一天成了一个人活着的基础。

　　成年后，可能会为了健康而去跑步。对于没有为了什么就会感到焦虑的人来说，必要的一天是不用去考虑做的事情是否对健康有益的一天。健康不是自我；知识不是自我；金钱不是自我；名望不是自我，而所有这些东西的基础应该是自我才对。

　　也许这一天没有为了健康而活，没有为了金钱而活，但是却成了为了基本的自我而活的一天。只有为了什么事而活的人生，就像是沙子堆成的碉堡。换句话说，这种自我是易碎的。这样的人，如果没有某样东西的支撑就会活不下去，他们的支撑点不是自我。

　　如果每一天都要"为了××"而活，肩上自然会负上重担，会觉得活着很痛苦，活着是一种苦行。如果每一分每一秒都要"为了××"而活，那么势必会给活着增加不自然的紧张感。

　　活着的每一天，为了健康、为了金钱、为了受人尊重、为了获得更多的知识、为了吸取营养、为了休息、为了获得地位、为了收获感谢……如果不是为了点什么心理上就无法安定的话，这个人的自我是不确定的。这个人就算觉得每一天都过得很充实，他的人生也不过是一场苦行。并且我很难想象，像他那样"为了××"而活的人，会觉得每一天都是充实的。每天都要"为了××"而活，但又无法感到充实，觉得空虚，最终只会陷入无限的焦虑之中。

其实，在因为"为了××"没有达成而感到痛苦的时候，要告诉自己，自己真正需要的正是这样的一天。

▲总是感到焦虑的人缺乏基础体验

今天一天只有做到"为了××"的时候才感到有意义，这是大人的思考方式。而每个大人都经历过童年。还是孩子的时候，不会在意今天一天是否有益健康。还是孩子的时候，不会在意吃的东西有没有营养。"吃这个，这个对身体好"这种是母亲的想法。

我并不是说"为了××"的这种想法是不好的，而是想说"为了××"的这种想法是成年人的思考方式，并且这应该建立在今天一天没有为了什么而去做，却也能感到满足的童年时代的基础上。但是，总是被焦虑感所困扰的人，是不具有这种童年时期的体验的。如果想要就算有"为了××"的这种思考方式，也不会因此感到焦虑，并能够全力以赴地活着的话，无论如何都需要有不"为了××"而活的经验。没有这样的基础是不行的。

儿童时期，做了孩子会做的事才能成长为少年；少年时期，做了少年会做的事才能成长为青年；所以青年时期，也要做了青年会做的事才能成长为壮年，不是吗？

过了没有"为了××"的一天而感到焦虑的人，大多是那些将有很多必须经历的体验还没有经历过的人。只要去经历这些体验，才能开始摆脱焦虑感。

无论做什么事都需要是有用的事的人，需要对自我的脆弱有所自觉，并且要去想一想，为了确立自我该如何去做。但是，大多数人都会去追求自己做的事要有用。而比较严重的人，如果觉得自己做的事是无用的话，就会感到心烦，所以会要求他人表示感激。喜欢以恩人自居，就是来自这种自我的脆弱。

人们常说，年轻的时候做什么事都是有用的，无论是成功、失败还是学习、玩乐，而总是感到焦躁的人，是无法认同自己这样活着的。

实际上，如果今天一天赚到了钱，那么把它当成是为了金钱的一天也未尝不可。但是，如果今天一天什么也没有获得，那就可以把它当作是为了自我确立的一天。

经常运动让身体变得健康了，这是件好事。这是肉体上的事。并且，就算今天这一天没做什么对肉体上的健康有益的事，也有可能做了一些对心理上的自我确立有益的事。

▲没有必要那么强迫自己！

女孩子只因为性别是女，就很容易被人接受她是个女孩子。但是女孩子也会因为性别就被拒绝。男孩子很少会因为他性别是男，别人就接受他是个男孩子。相反，男孩子也很少因为性别被拒绝。

男孩子常常需要证明自己是男孩子才能得到接纳。比如要达成什么、受了伤也不哭、怕黑却能自己走过黑暗的小路、在学校成绩优秀、打架胜利等。男孩子往往需要做一些像男孩子的事情来证明自己是个男孩子。

男孩子很容易被人评头论足："果然是个男子汉""不愧是个男子汉"或是"明明是个男的"。男孩子要向自己及周围的人不断证明自己是个男人。

对于男孩子来说，性别为男和被认可是个男人是两码事。如果生为男性，却不能被认可是个男人的话，会破坏男孩子的自我同一性。男孩子会失去自信。失去了身为男人的自信的男性们，会努力去掩饰这种自信的丧失，又或是对自己感到绝望，变得死气沉沉。

在心底丢失了作为男人的自信的男人们，在成年后会想要通过去达成什么来掩饰自己的不自信。这样的男性，可能只在工作的时候才会感觉自己像个男人。于是他的内心就会一直强迫自己去工作，总是像被什么催促着一样在工作，无法享受休假或者和家人、朋友用心交往。

对想要通过去达成什么来证明自己是男人的人、想要通过去达成什么来恢复自己男人的自信的人来说,在与目标无关的事上所花的时间都会让他们感到不安。

在一本名叫《为什么男人无法敞开心扉》的书中有这样一句话：Every minute of the day must be productive.

一不工作就静不下心来,总是被内心催促着要一直工作的人,一直认为认为工作以外的自己是没有价值的。并且不幸的是,这样的人很难和伙伴们变得融洽,因为他们无法忍受只是单纯地和伙伴说话、聊天。如果只是单纯地待在一起,他的内心总是会感到"不能做这种浪费时间的事"。他需要一刻不停地为了更高的目标去努力,不然就会静不下心来。

对他们来说,真的是"Being together isn't enough"。只是在一起对他们还不够,这无法给予他们充实感。

认为现在的自己就很出色则意味着,自己作为一名男性没有什么可感到羞愧的,没必要那么拼命地去证明自己是一名男性。

和朋友待在一起时会感到无法满足的人,是继续在父母的期待和命令的那条跑道上不断奔跑的人。

相手と自分の〝心の真相〟を知ると「焦り」は「安らぎ」になる

第三章

了解自己与对方"内心的真相"
就能化"焦躁"为"稳"

1

要求"只有我最特别"的人是有问题的

▲爱自己还是爱对方——区别自恋者的重点

只爱自己更正确的说法是，只珍惜自己的威信、只珍惜自己是个出色的人的意识。这种因为爱自己而爱对方的情况之所以难以应付，是因为我们曾多次提到的，其本人坚信着自己对对方的感情是爱。

例如，有一位内心怀有自卑感的自恋的男性，在他面前出现了一位女性。这位女性总是告诉他你是最棒的，又聪明又帅、又有艺术眼光，还很会运动，总之就是对他赞不绝口。并且对他说你的成功完全是凭借着自己的能力，过去的失败全都是运气不好，或者是因为遭到了小人的妒忌。这位男性就会"热爱"这位女性，他会觉得为了这位女性，他甚至可以牺牲一切。他会以为自己爱上了这位女性，会觉得和这位女性分开是一件很痛苦的事。他深信自己对这位女性的感情就是爱。

但其实他爱的并不是这位女性，他爱的是优秀的自己，他看中的也只是那位女性给他带来的威信感。

想要判断自己的爱是为了爱自己而爱对方，还是为了对方而爱对方的话，就要看这段爱的结尾。虽说爱可能会变成恨，但如果会激烈地憎恨曾经爱过的人的话，那么说明曾经的爱只是爱自己而已。

当然，现实中的爱几乎没有百分之百的爱自己，也几乎没有百分之百的爱对方。爱自己的人的爱里面也会掺杂着爱对方的成分，爱对方的爱中也会含有爱自己的部分。现在，我们要讨论的是，一个正在恋爱的人所认为的自己的爱到底是以爱自己为主，还是以爱对方为主。

当一段爱情走到尾声，如果他无论到何时都恨着他曾爱的那个人，都表现出依依不舍的样子，那么他的爱应该就是爱自己的爱。恋爱结束时谁都会感到寂寞，觉得自己被抛弃了，都会憎恨对方，但是这是程度上的问题。过了那段时间就能爽快地忘记，尽量过上和那个人无关的生活的话，那么不得不说这个人已经克服了自恋情绪。

自恋的人因失恋而感到的痛苦，并非是失恋本身带来的悲伤，而是钟爱的自己受到了伤害。所以马斯洛〔亚伯拉罕·哈罗德·马斯洛（Abraham Harold Maslow,1908年4月1日－1970年6月8日），美国社会心理学家、比较心理学家，人本主义心理学的主要创建者之一，心理学第三势力的领导人。研究自我实现的具有代表性的心理学家。〕曾在《人性的心理学》中写道："爱的逝去，对于一生得到过爱，并坚信爱的人来说，并不是多么大的威胁。"

失去了对方的悲伤和对自己威信的伤害，这两种痛苦会不断地袭击他。但是其本人意识不到，失恋带来的对自己威信的伤害对他来说才是最痛苦的。

总之，自恋者就是意识不到这些。自恋者通过恋爱来满足自己的虚荣心，并让虚荣心不断扩大，而虚荣心被推翻时的痛苦是巨大的。同时他的恋人并没有因为爱而让他变得丰盈，反而是通过恋爱让他的虚荣心扩大了，爱给他带来的只不过是反价值性的东西。自恋者的行为、情感，不只表现在恋爱中，也会表现在日常生活的方方面面。

▲为什么有的领导会无缘无故地发脾气？

某位员工表示，他的领导总是无缘无故地发脾气，令他感到很困扰。他怎么也想不明白领导突然的怒火到底从何而来。有这样的领导，他每天都过得战战兢兢。如果知道自己做什么事会让领导生气的话，他会好过一些。

实际上，理由可能很简单。对那位领导来说，重要的就是自己的威信，是自己是个出色的人的意识，所以一旦伤及他这些方面他就会发怒。不小心与公司的同事聊几句闲话，说了几句别人的真事，他也会发怒。比如说到公司的某某最近买了房子，他就会突然不高兴；或者其他部门的某某学生时代去美国留过学，所以英语特别好，诸如此类的闲话都会引起那位领导的不满。别人大概根本想不明白这些话题怎么就惹得领导不高兴了。按照那位员工的话说就是，谁买了房子，谁学生时代去过美国的事和领导没有一点关系呀。

但是，在这位领导的眼中，这件事却和他有着莫大的关系，因为威信是从不断地比较中产生出来的。

比如，原来的澡堂里都有放衣物的箱子，身份高贵的人放衣服的箱子的下边小角落里有一块5厘米左右的突出的小木板，看着就像是一小节突出的棍子，或者说是木板的边角料，完全没什么用的东西。其实这块没什么用的东西实际上却非常重要，因为它只会在有身份的人使用的箱子里出现，不是所有人的箱子里都有这个东西。对自恋者的威信来说，最重要的就是，别人没有，只有自己有。

▲自恋者要求"只有自己最特别"的含义

刚刚提到的那位领导，其实在学生时代也曾去过美国，并且他很自豪自己有过这样一段经历。而对于这位领导来说，重要的不是自己去过美国，并且在美国生活得很开心，还丰富了自己的阅历，而是自己去了别人都没去。因此，公司内其他同样年长的人去过美国这件事，在自恋的他看来就变成了多少会影响自己的威信的事。

员工一说到同事买房的事，这位领导就不高兴，正是因为他最近刚刚买了房。在领导看来，买房是一件很难的事。所以这位领导忍受不了别人也能做到这件事。别人做了和自己一样的事，自己是最出色的这一意识就无法得到满足。对于这位领导来说，重要的是自己买了房，但是别人买不起房。

在这层意义上来说，自恋者其实是自我评价很低的人。自我评价低的人，总是会马上去和别人比较。因为自恋者内心中无法评价自己，所以他们才会那么需要自己比别人优秀的证据。

这样的人最看重的是什么——只要想一想这件事，就能够理解对方情感的波动了……

3

▲

2

"一言不合就变脸的人"想要的是什么

▲周边自我与中心自我的分裂——自恋者的特征

我们将宝石或是昂贵的衣服这一类称为物质自我，地位、名望、传闻等称为社会自我，而物质自我和社会自我又都属于周边自我。

人类的自我中需要去比较的部分，或者说不比较就没有意义的部分就是这种周边自我。

物质自我、社会自我，这些周边自我在比较中更容易产生出意义。中心自我很贫瘠，却对自己的周边自我有很强的依恋性的自恋者，不会满足于自己是什么样的人。别人不是这样，只有自己是这样才会让他们感到有意义。

继续说前边的例子，明明没有想贬低领导的意思，也绝对没有想要伤害领导的威信，领导却觉得自己的威信受到了损坏。说的人觉得只是在讲一件和领导没有关系的事实，但是在领导看来却不是一件和自己没有关系的事。

这位员工觉得这样一来简直没有办法和领导说话了，确实，和自恋者说话是件很难的事。如果领导说自己如何如何，那么就只能立刻逢迎他说别的人就不能如何如何。

如果领导说自己休息日去了乡下，亲近了大自然，那么就不能回复他说："是吗，最近在休息日去亲近自然好像很流行。"只能回复他说："真棒啊，不愧是科长，现在的人休息日一般都是在城市里瞎转，真的很不健康。"这么回答他的话，他的心情就会大好。对自恋者来说，重要的是地位、名望、他人的评价等这些属于社会自我的东西。他们的中心自我是贫瘠的。

因此，和他们说有关中心自我的话题会让他们不高兴。

例如像是"您去乡下做了什么？您喜欢画风景画吗"这一类的问题千万不能问。让自己融入大自然中，使自己的中心自我变得丰盈而获得满足感，和自恋者是无缘的。

对这位领导来说，别人的精神层面都很贫瘠所以会在城市里度过休息日，而自己有着高贵的精神所以会去乡下，这就是事实。

他们不是因为想去乡下而去乡下的，而是去乡下让他们觉得自己不是那种世俗的人，而是高贵的人所以才去的。因为不是想去才去的，所以如果得不到高贵的赞扬就没有意义。因为他的中心自我很贫瘠，所以不会向大自然寻求什么，只是在追求着周边自我而已。

自恋者的特征就是中心自我的分裂。英语中有个说法是"a divide self"。中心自我追求的东西周边自我不去追求,周边自我追求的东西中心自我又不去追求。这种分裂,正是成年后依然自恋的人的特征。

▲如何与一言不合就翻脸的人相处

如果自恋的领导喜欢喝酒的话,"不喝酒的男人都靠不住,我从来没和喝不了酒的男性有长时间的交往",这么说的话他一定会很高兴。

如果领导喝不了酒的话,就算是出于好意对他说"科长不喝酒吗?但是偶尔喝一点儿也挺好的,下次就用试试看的心情一起去吧",也会被他认为"那个家伙不行"。

如果是换成"这样啊,您不喜欢喝酒呀,本来也是,每天下了班那么晚了还要在满是二手烟的坏境里待着一点儿也不健康,还会睡眠不足,那种总是喝酒的人最后一定一事无成,而且酒鬼什么的看着就粗俗,所以我也不喜欢"这样说的话,那领导一定会乐开花。

大概他就会骄傲地说:"就是因为老去喝酒,才买不了房吧,生活可不是由喝酒组成的。"觉得自己买了房真是了不起。他意识不到,实际上自己在乎的是那个房子而不是生活。

3

▲

3

马 上 就 去 指 责 别 人 的 人 没 有 自 我 延 展 性

▲自恋者容易"疲惫"的秘密

自恋者的另一个特征就是容易感到疲惫。

每个人都会有感到疲惫的时候，但是做自己喜欢的事的时候会比较不容易累。

岛崎敏树在《感情的世界》中写道，中心自我的能量贫瘠的人，在现实中和人进行心与心的交流的时候很容易就会感到疲惫，所以为了保护自己，他们会尽量避免与人接触，我很认同这一观点。

典型的自恋者在上了年纪以后会更加明显。本来自恋者的中心自我的能量就很匮乏，上了年纪以后就更少了，只要稍微和人接触一下就会感到疲倦，所以会尽量避免与人接触。因为总是回避与人接触，最终可能会被孤独击败。当然，他们不认为自己是不爱交际。刚刚提到的书中还指出，就算回避着与人的接触，只要生命的情感仍是我们生存的根基，他们就不会认为自己是冷淡的不爱交际的人。

以生命的情感为根基的中心自我的能量太少了，很容易枯竭，因此他们与别人相处时很容易感到疲惫。他们就会渐渐减少与他人接触，但是不会认为自己是冷漠的人，甚至坚信自己是有丰富的人性的人。

如此一来会产生什么样的后果呢？就会产生诸如"谁都不理解我""大家都理解不了我是怎么想的"这样的想法。

这样的人如果当上了领导，那真的是让人受不了。和他接触会被讨厌，不和他接触又会被他说成是冷淡的人。给他打电话、去他家里玩,会被他说成"那个人太闹了,真烦人"。如果不和他接触又会被说成:"他那个人太自私了,我这么照顾他,他都忘到脑后了。"

明明没干什么事,就叫嚷着"累了,累了"的人,若不是因为肉体上的虚弱,那就很有可能是个自恋者。人的情绪上的能量不是无限的,谁都会感到疲惫。但是,心理上的疲劳感和肉体上的疲劳是不同的。如果和人接触马上就会感到疲惫的话,可能就是情绪的能量被后悔或是白日梦所消耗了,不然就是能量本来就很匮乏。

有的人特别讨厌忘年会或新年会。有的人非常痛恨公司的忘年会,参加完第一波、再被邀请去第二波的话就会仿佛身在地狱中一样。确实,不是所有的忘年会或是新年会都是愉快的,但是讨厌各种集会的人,他的内心大概是有问题的。有的人能在忘年会上愉快地忘记了时间,有的人却厌烦地总是在考虑如何能快速离开。这两种人就算出席的是同一个忘年会,对他们来说忘年会的意义也会完全不同:一个是让压力得到了发散,让心情变得更好;另一个是筋疲力尽得只想回家。

第46期《Pipe》杂志刊登了象棋九段芹泽博文的演讲,他说:"怀着喜悦的心去工作便不会感到疲惫。"我非常赞同。

▲"穿着绸缎忧伤的人"与"喝水都能笑的人"的区别

有句老话说的是"有的人身穿绸缎也会忧伤,有些人喝白水都能笑出来",而自恋者正是身穿绸缎也会感到痛苦的人。

切断与母亲的固着、克服自恋情绪、对他人产生关心、对他人产生爱，如此这般让内心丰富起来的人，则正是喝白水都能笑出来的人。

但是，没能切断与母亲的固着，没能克服自恋情绪，却在社会上获得了地位的人，就会经常不高兴，非常难以取悦，变成穿着绸缎忧伤的人。这样的人对周围总是感到不满，一张嘴就想要抱怨。

先前也提到过，他们是为了爱自我形象才去爱对方的，会错以为自己为对方奉献了一切。所以，他们认为周围的人应该更加感激自己。他们会因为周围的人对自己的感激太少而感到不满。

并且对于自恋者来说，为别人做点什么是非常难得的重大事件。一般人看来很快就会忘记的小事，对自恋者来说却是做出了很大牺牲的事。例如，顺手帮别人买点东西，或是自己比较闲的时候帮助别人做点事之类的，自恋者也会觉得是件非常不得了的事。

又例如，自己已经完成了工作可以在5点准时回家了，但是同事因为还有别的任务需要在公司待到6点，于是喝着咖啡和同事一起等到6点。自己只是晚回家了一个小时，这并不会减少自己的工资，仅仅是陪伴了对方一小时，对于自恋者来说却是件很了不起的大事了，因为那一小时不是花在自己身上。自恋者无法享受与人相处，所以更加感觉自己为对方牺牲了时间。不是为了自己，而是为了别人做点什么，这对于自恋者来说是非常困难的。一般人第二天就不记得的小事，他们都能牢记十年之久。

如果得到陪伴的人知道这是这么严重的一件事的话，可能会觉得自己一个人去干点什么反而更好吧。自恋者为别人付出的时候，就算只是帮忙捡了一下手绢，也当是自己付出了极大的善意。也就是说，对于他来说，帮别人捡一下手绢就是那么痛苦的一件事。得到帮助的人可能觉得这不是什么大事，付出帮助的自恋者却会觉得这是牺牲了自我的巨大的善意。

▲批评别人"爱抱怨"的人的心理真相

细细观察就会发现，有些自恋的人为别人做了一些事情，就会觉得自己为他付出了全世界，即，自恋者对自己为别人做的事的感觉，和周围人对这件事的感觉会有非常大的差异。于是他就会特别不满，认为自己被不公平地对待了，一张嘴就是抱怨。

这种时候他心里的不安定常常会换作"你一张嘴就都是抱怨"这样的责备他人的话，这在心理学上称之为投射。自恋者的特征就是，在他人身上发现自己内心的不满倾向，然后去责备那个人，以此来解决自己心中的冲突，获得一时的心理安定。

例如一个人在潜意识中非常讨厌自己的胆小，不希望自己是个胆小的人的心情和胆小的自己不断在心中产生冲突。这种时候，他就会指责别人"那个人是个胆小鬼"，借此来一时逃离冲突所带来的痛苦。相同地，会用"你一张嘴就都是抱怨"这种话来责备别人的人，其实他才是内心深处充满抱怨的那个人。

"这个窗户缝漏风"只是说一句无关紧要的事实，领导却会对下属说"你又开始说这些不开心的事了"，或者是爱摆架子的丈夫如此对妻子、孩子说。

本来自己是很积极地在说一件事情，却被批评说"你总是抱怨"。如果有个自恋的领导，那么连提点改善的意见都会引起他的不快，变成负面的评价。

有些人只会把别人说的话当成是"抱怨"或是"要求"。这样的人，没有想要去理解别人的姿态。如果有想要去理解别人的姿态，就不会什么都马上反唇相讥"总是爱抱怨"了。会责备别人"总是爱抱怨"的人，其实是自己的内心深处充满了抱怨。

可以说，自恋的科长的指责，其实全部都是他内心深处对自己的看法。

例如他说"那个人总爱挑别人刺"，实际上他正是那个爱挑人刺的人，他正在因心中的冲突而感到痛苦。人们经常会说权力主义型的人的特征就是对手下的人特别苛刻，这其实是必然的。他因为自己心中的冲突而感到痛苦，又不知如何是好。这种时候，欺负比自己弱小的人能够帮助他解决自己心中的冲突。

权力主义者也是内心没有得到自我发展的人。

3

▲

4

从对自我形象的热爱中解放出来才能开始新的人生

▲过度的道德意识源于自卑感

最大的问题在于，如何将能量从自恋中解放出来，如何将缠绕着自己的意识转向他人。

首先，把注意力放在自己身边的人身上。例如在身边照顾自己的人，这些人中有没有具有自恋型愿望的人，首先要做的就是把注意力放在观察身边的人上面。

最近的大学生中，甚至已经找到工作的人中，仍然有很多没有从母亲的固着中脱离出来的人。母亲的固着有时候指的并不一定是母亲，也可能是民族之类的，多种多样，还有很多大学生觉得服从父亲是最大的美德。这种父母将自己的自恋型愿望与孩子捆绑在一起的例子数不胜数。

不会将自己的自恋型愿望捆绑到他人身上，认可他人有他我的存在的同时，断然抵抗他人将自己的自恋型愿望与自己捆绑在一起是一种非常重要的态度。自己不是实现别人自恋型愿望的道具，同时也不要把他人视作实现自己的自恋型愿望的道具，这是非常重要的。

某个大学生说自己想要爱那些身体上有障碍的女性。而和他认真交谈后我发现，这位大学生不是想去爱身体上有障碍的女性，而是对为了身体上有障碍的女性而献身的自己感到陶醉。父母对待孩子的时候，常常有不是爱孩子本身，而是陶醉于自己是个好父母的形象的情况出现。这种情况出现时的特征就是，其本人总是会感到不高兴。

因此，放眼望去，那些常常爱讲大道理、看起来很正派的人，很多都在因沉重的自卑而感到痛苦不堪。具有过度的道德意识的人常常是自卑感极强的人，他们的内心常常是非常冷漠的。而那些看起来与社会背道而驰的人，却是最重视社会的人。

解放自己的能量所需要的是看穿他人与自己的谎言。看穿自己的谎言所需要的是，假设现在自己正爱着一个人，那么就试着反省一下自己是不是真的爱他，反省自己的爱是不是对自我形象的依恋。

同时，对于身边对自己好的人，总是会为自己做点什么的人，也要试着审视，他是否有将自己与他的自恋型愿望捆绑在一起的行为。如果自己总是感到烦躁、不愉快、紧张的话，首先要做的就是以上两件事。

▲"相遇"才是前往新的人生的护照

另外还有一个重要的就是与人的相遇吧。虽然相遇充满了偶然的要素，但是能否创造偶然是自己的责任。与人相遇，会让自己知道至今为止自己的视野是多么狭隘，这会帮你打开新世界的大门。

至今为止的人生，只是围绕着一个人的价值观成长起来的人是有问题的。而典型的例子就是，把服从父亲当作最大的美德的人。这样的人就算去和各种各样的人相遇，在遇到与父亲的价值观不相符的价值观时，也只会否定那个人，觉得对方是个没用的人。当然这种情况并不限于以父亲的价值观为主的人。

这个人可能彻头彻尾接受的都是虚假的情报，被灌输的都是有偏颇的价值观。

对某个人的顺从成了自己全部的价值体系，他是一个对自己的情感没有察觉的人。

并且，因为一直保持着对一个人的顺从及忠诚，他很容易认为自己是个没用的人，而这种自我否定的想法是十分可怕的。孩子如果完全服从于父母，就会觉得自己是个不值得被爱的人，陷入这种自我否定之中。他会因为服从而压抑自己的欲望。

展开新的人生则意味着，改变自己至今为止人生的基本构造。改变自卑，改变消极的态度，改变这些自我否定的构造。

如果一直服从于他人，那么无论到何时，也不会生出自己是重要的人的想法。面对那些拥有不同价值观的人，去思考原来还有这种想法、有这样的活法，这种态度比什么都重要。青年时期与拥有不同价值观、生活方式的人相遇，不去过多思考，只因为不同就马上生出轻蔑的想法的人，是他的自身存在问题。也就是说，很大的原因在于他还没有和父母做到精神上的断奶。

没有所谓"相遇"的体验的人，应该回头看一看，自己的心里是否哪个地方还存有隔阂。

觉得这种生活方式自己接受不了，如果这是从各种各样的体验中得出的结论的话是没有问题的。如果是一个涉世未深的人觉得自己不喜欢这种活法的话，很可能是自己的价值观还存在着偏颇。相遇是解放能量的机遇。

亲鸾［亲鸾（Shinran，1173年—1263年），日本佛教净土真宗初祖。曾名范宴、绰空、善信、愚秃亲鸾等。谥号见真大师。] 有一句名言是"佛渡有缘人"，说的是会爱与自己有缘的人。

如果对身边的人都不愿意做一些自己能够做到的事的话，那么就说明这个人是个只顾自己利益，而不会为自己身边的人做任何事的人，也就是我们常说的自恋的人。他们觉得为别人做事是一种损失。

所谓的"佛渡有缘人"，实际上对情绪已经成熟的人来说，是一件最自然的事。

自己身边有生病的人，有的人就会觉得为了那个人做点什么是非常自然的事。并不是说"应该"做点什么，不是从道德的层面在说这件事，而是做这件事是很自然的，没有痛苦的。但是，对于自恋者来说，为别人做什么都是痛苦的。

▲感到"浑身无力"的原因在于错误的人格形成

我们再来看一个例子。一位五十岁的上班族前来看精神科的医生。他的父亲是一名政治家，因此很少在家。他对此感到不满，他憎恨自己的父亲。等到他终于结了婚，他觉得自己一定能够做一名合格的父亲。他瞧不起那些不重视家庭的上班族，他在家庭上花了很多时间，把当好一个父亲作为自己全部的价值取向。

但是，他在精神生活上逐渐出现了障碍，他总是感到不愉快，总是感到烦躁。他逐渐变得不活跃，浑身没有力气。当他来到精神科的时候，情绪已经变得完全不安定了。

一有事情不按照他想的方向去发展他就会发火，不能按照他设想的那样进行他就会感到不安。不安的人是没有柔软性的。一般来说，如果没有敷衍地生活，就算事情没有按照自己设想的方向发展也不会发火。心里获得了安定的人，首先就不会敷衍地生活。

问题很简单。

他自己想要变成重视家庭的人，想要成为一位好父亲，并且认为成为一位好的家人是自己最大的价值所在，他从未怀疑过自己的愿望与价值。但是，这并不是他本来的愿望，也不是他本来的价值观。作为对政治家父亲的憎恨的反弹，他才有了这般愿望。与其说他是想待在家里才一直在家的，不如说他是通过常在家里待着这件事来向父亲复仇。这正是刚刚说到的能量没有自由使用的例子。

他没有超越自己的父亲。因此，他的能量被憎恨所占据，解放不出来。因为他没有从憎恨中解放出来，所以他的能量也没有得到解放。理所当然地，无论他的愿望如何，他并不是一个好的家人。

现代人很容易浑身无力，当然有一部分是社会经济的压力所造成的。但是，我们需要反省的是，浑身无力的人的人格形成是否存在着问题。

有的人想要反抗父亲，所以要去做点坏事；有的人憎恶自己的父亲，于是想成为与父亲完全不同的人；有的人把服从父亲当作最高的价值观。这些全都是丧失自我的表现。

就算选择了顺从，最后也要付出变得浑身无力的代价。而重要的是："不要付出浑身无力的代价去适应它！"

不要出卖自己的灵魂！

3

▲

5

在工作中追求威信会导致错误的工作方法

▲对出人头地的两种态度——你是哪一种？

为了修复受伤的自尊心而想要在社会上出人头地的人，必然会有一种被什么追赶着的感觉，无法享受当下每一时每一刻。这样的人总是会感到不安稳，他们的当下永远是作为为了将来的手段而存在。

这样的人无法享受现在正在做的事。就算他看起来很开心，也只是因为现在做的这件事会对他将来的成功起到很大的作用，所以才会看起来开心。他们不会享受现在正在做的工作，而是只会期待现在手中的工作能够带给将来的成功何种效用。

这样的人会养成总是担心未来的习惯，总是在心底担心着将来会不会发生什么不好的事。

会担心将来的人之所以会过上如此悲惨的人生，是因为他们在小的时候就养成了这个习惯。正是因为总是在心里恐惧着将来是不是会发生什么坏事，所以才拼命地忍受着痛苦不停地工作吧。这样的话，就算痛苦，只要还勉强自己在努力，那份恐惧就会减轻一些。

并且，他们所担心的将来会发生不好的事的重点大多是会丢脸、会受到屈辱吧。像这样对未来感到恐惧的人，一定是过去曾尝到过屈辱的人。小的时候被自己认为是最重要的人嘲笑，这种屈辱一直残存在他的心底。

对于这样的人来说，现在（当下）不存在任何意义，工作也没有意义。就如购物的时候，有的人是在购买商品本身，有的人是在购买产品所展示的形象一般，工作的人当中，有的人是为了工作本身而工作，而有的人不是。

享受工作本身带来的乐趣，和享受工作赋予的威信所带来的乐趣是不同的。

享受工作的人是心平气和的，享受工作赋予的威信的人，总感觉像是被什么追逐着一样，总是无法获得平静，感到"必须再多做一点"。

享受工作赋予的威信的人能够因此修复受伤的自尊心，但会和自我越走越远。这样的人，无论到什么时候都不会感到"我只要做我自己就能得到肯定"。

为了修复受伤的自尊心，越努力越会疏远本来的自我，那么这个人无论到何时也不会感到"自己这样就挺好"。

成功地恢复了受伤的自尊心意味着，对他者眼中的自己感到满足，并非自己对自己感到满足。当受伤的自尊心恢复失败的时候，就是两者都得不到满足的时候。

在他人面前展现真实的自我，与了解自己真正的愿望，这两者是相通的。

▲对自己来说，公司里的地位到底是什么？

紧抓工作的威信不放的人，人际关系也好、兴趣也罢，所有的东西都是为了他的终极目标，即威信而服务的。而他越这样做，越会感到比起兴趣、朋友，比起任何事，威信才是最重要的。

比起他的妻子、他的孩子，通过工作获得威信会是他最优先的选择。这样做的同时，也就渐渐地失去了对妻子、孩子的关心。在总是优先做一件事的过程中，自己的心中会越发感觉到那件事的重要性。如果是靠着工作给自己带来的威信去接触他人，不知何时会变成没有工作上的威信就无法和人相处。

威信是自己的支柱。在把威信当作支柱的过程中，最终会变得没有这根支柱就无法生活，会变得别的东西都无法支撑自己。

这样行动的前提是，如果没有职位带来的威信，自己便是一个不值一提的人。以此为前提的行动，只会越来越让这个人确信这个前提。只专注于职位带来的威信这一件事，最终他会在心里依赖上这个东西。

为了修复受伤的自尊心而就职于现在的公司的人，不会去思考自己是否具有其他的可能性。就算他明白自己有离开公司另择出路的可能，他受伤的自尊心也不会允许他那么做。就算他在理智上知道这个世上还有各种各样的生活方式，但对其本人来说，修复受伤的自尊心才是最优先要解决的问题。所以，对于自己的生活方式，他们不会觉得这个世上还有别的可能。

我记得以前有一个让我感兴趣的报道，我还从杂志上剪下来做了简报。

A商社和B商社将要进行公司的合并，以此为前提的各种戏剧性事件的报道中有一则是M先生的自杀报道。

据这条报道所说，M先生原本是B商社的员工，但并不是公司的高管，他脱离公司内部高管的竞争是在合并发生很久以前，并且在公司合并的七年前开始因为神经过敏而偶尔被人投诉。但是一年后，在大规模的组织变更中，M先生被提升为新创建部门的部长。实际上这次提升是不合理的，M先生成为部长后就像换了一个人一样。对于M先生来说，部长这个职位过于沉重了。他经常因为完不成工作而把工作带到酒店继续加班。慢慢地，他的情感起伏变得愈加激烈，于是被上面的领导要求去休养一段时间。他不断地住院、出院，最终，公司决定保留他的部长头衔但解除他的实际职务。之后有了B商社与A商社的合并，疗养中的M先生没有转去新公司，而是被办理了退休。最后他就自杀了。

▲头衔的威信=自尊心的满足的话，无法真正地工作

我们先不管这则报道是否和事实一致，只是把这则报道当作一个例子来思考。首先是M先生为什么要勉强自己去当这个部长呢？理由大概就在被选拔为部长后一下子就成了众人瞩目的公司高管。他因此变得很有干劲。但是，让他有干劲的是部长这个头衔所带来的威信吧（虽说议论死者是有些失礼的行为，但我还是认为这是我们不得不认真思考的问题）。所以他会一下子像换了一个人一样，努力维护着部长这个头衔。我想他并不是对部长应尽的职责感兴趣而不愿意放下部长这个头衔的吧。

我猜想他小时候的成长环境大概是，有一点儿什么成就家长就会对他说"下次要做得更好"吧。

心理健康的人在事情没有按照预想发展时会想就这样吧，还会

有办法的。但是，心中怀有不安的人会觉得事情没有按照预想发展是件非常严重的事。因此，在受到干扰时的焦躁程度会非常不同。

对M先生来说，部长的任务过于沉重了。但是为什么他不对公司说"部长的任务对于我来说过于沉重了"呢？我想一个原因在于商社不是一个能说出这种话的轻松的地方。但是如果有被降职的觉悟，也不是说不出来的。从变得神经过敏到住院的这段时间，让他没有放弃这个职务的原因应该不只是对公司的责任感，大概有一大部分是他自己的原因。

为什么他没有放弃呢？大概是为了这份职位所带来的威信吧。这种威信所带来的自尊心上的满足，让他不愿意放下这个头衔。

尽管如此，为什么要为了威信做到这种地步呢？对他来说，职业上的地位并不仅仅是职业上的地位。因此，降职也不仅仅是外部环境的变化。对于他来说，降职是内心的可耻的体验。如果没有守住这个头衔，自己的内心将会受到致命打击。

头衔所带来的威信是他内心的支柱，而获得这个头衔是他内心的要求。所谓的不安，和人的依赖心理有着很紧密的关系，不安和憔悴是依赖心理的表现。他想要通过威信来展现自己是个重要的人，他希望别人觉得他很棒。

紧紧追逐威信的M先生，在和别人接触时首先会给别人传递的隐性信息是"我是个重要的有价值的人"。他如果没有了部长头衔所带来的威信，就会陷入别人都觉得他是无价值的人的不安之中。他害怕被人看轻。他紧紧追逐威信的动机就是不想被他人看轻的不安。他认为，如果没有这个头衔，别人就不会爱他、不会关注他、不会尊敬他。

人的行动会强化其背后的动机。也就是说，越是害怕被人看轻而紧紧追逐威信，越是会担心，实际上别人是不是都在看轻他。

M先生一定有很多优秀的地方，但他意识不到自己的优秀。也许M先生的下属注意到了他优秀的地方，并且很喜欢M先生。也许他的下属认为M先生不是个有能力的部长却还是会喜欢他。

有的人希望得到他人好的评价，所以总是夸耀自己。就如同那些以为自我夸耀能够带来好的评价，误以为这样能够被人喜欢的人一样，M先生也有自己的误解吧。M先生一直在重复错的事。他觉得要想引起别人的关注就必须要成为部长吧？

M先生在受到提拔后，大概也想要回报公司及周围的人对他的期待。那段时间一定给他带来了很重的负担，于是就像前文中提到的，他的情绪的起伏变得激烈，被他的领导要求说去休养一段时间，然后不停地住院又出院。大概在这段时间里，不能回应大家的期待的罪恶感一直苦苦地纠缠着他吧。

不，也许他在成为部长之前就已经很不安了。大概他在知道自己要当上部长的那天起，就开始担心自己是否可以回报这份期待，担心如果回报不了该怎么办。他大概很不安吧。他想象着无法回报大家的自己，那一定很痛苦吧。这份痛苦一定超越了所有辛苦工作带来的精神及肉体上的痛苦。

没有做完的工作带到酒店继续加班的痛苦，和无法回报期待的痛苦比起来要更容易忍受得多。当然，也许在他的脑海中也曾有一瞬间出现过"要是这样的话不做这个部长也罢"的想法。

但是，已经迟了。他可能不得不选择要承担起这份过于沉重的负担。大概他也没有办法糊弄事似的完成工作吧。一般人在成为部长后，大概会先判断自己的能力范围再去做事，而不是选择全部由自己来做吧。比起其他任何事都更关键的是，在工作上保持体力，不能让自己先病倒。

我想他大概也明白工作的要领。但是因为他自身不安的紧张的精神，因为他受伤的自尊心，对他来说，回应期待才是最重要的吧，于是害怕没能回应期待的不安便被进一步加强了。

没有经得住这份不安，他变得困惑且迷乱。心理健康的人一般会回避对于自己来说过重的负担，所以能够适当地去参与事态。

▲要持有多种的价值观·生活方式

对他来讲，部长以外的生活方式应该还有很多种，他大概也是知道这件事的，但是他却觉得自己只有部长这一条路可以走。不去考虑除部长以外的生活方式的原因，大概在于他受伤的自尊心吧。他心里想的大概是"如果不当部长自己就没有任何价值"。

自己有什么必要一定要去当那个部长呢？可以当部长，也可以不当。如果实在觉得部长的工作非常有趣，那么就不会当上部长以后变得神经"过敏"了。觉得工作时间以外的自己是没有价值的人，是不是因为工作而变得神经过敏了呢？不管是爱迪生也好或是一般人也罢，我觉得都应该考虑一下把工作当成是一种休养。当然，这样说可能会比较极端，因为任何现实的工作都会有不愉快的一面。但我想说的是，如果工作是一件有意思的事，那么他就不容易因为工作产生精神过敏。大概这位部长从很小的时候开始，一直在心底觉得自己是没有价值的吧。

M部长也许是个极端的例子。但是大多数上班族在遇到一个对于自己来说过于沉重的职位时，都会因为这个职位所带来的威信而不愿放手。

为什么会如此重视职位所带来的威信呢？虽然会变得有点絮叨，但我们还是再次一起思考一下吧。

是不是因为有了这份威信，才觉得自己可以被他人所接受呢？是不是觉得在他人面前自己的卖点是这份威信呢？越是对自己能否被周围的人所接受而感到不安的人，越是会紧紧追逐头衔所带来的威信。

总之对于这个人来说，能否被接受是非常重要的问题。如果得不到接受，他就会陷入绝望，浑身无力。

紧紧抓着头衔带来的威信不放的人，是需要这份威信来确认自己的存在价值的。因为这个人的心理上的安全正极度依赖着这份威信，所以一旦失去，他就无法确认自己存在的理由了。

3

▲

6

喜欢工作或讨厌工作能够极大地左右人生

▲因为喜欢，还是为了成功——重新审视自己对于工作的态度

我们不仅限于M先生，也来思考一下那些没有什么兴趣爱好、总是规规矩矩、有强烈的依赖心理、容易受伤且敏感的人的日常生活方式是什么样的吧。

大概大多数人会像M先生一样，比起悠闲地享受生活，会去选择成为一名勤奋的员工。他们大概会认为自己人生的价值就在职场上。但是他们就算获得了成功，也不是在自己喜欢的事情上获得了成功。

我们假设有一些人通过做自己喜欢的事获得了成功。这样的人大概不会总是夸耀自己的成功，因为他们并不是以成功作为事物的判断基准的。反之，历尽千辛万苦才获得成功的人，大概对他们来说所有的价值基础都是成功吧。

从贫困中走出来成为有钱人的公司董事长大多是非常保守的。而他的保守程度常常和他所吃的苦成正比。吃不到想吃的东西，穿不起想穿的衣服，从这样的时代走过来，通过不断工作成为有钱人的人，会觉得贫穷的人一定是因为自身有缺陷。

也就是说保守主义的人，实际上并不是喜欢工作的人，只是不付出多过别人两倍甚至三倍的努力就不能获得成功。如果是真的很喜欢工作的人，大概不会觉得为了现在的地位自己吃了很多苦吧。

如果是做喜欢的事情而得到了地位的话，那么纵然失去这个地位也不会觉得特别可惜。

但是反过来，如果每一天都是在做自己讨厌的事的话会怎么样呢？自己付出了比别人多得多，甚至两倍到三倍的努力，凭着意志力终于获得了一定的地位，那么一定不愿意放弃这份地位吧。如果放弃了这份地位，那么自己至今为止的人生到底有何意义。如果是这样的话，大概会觉得，自己更愿意从小就去做自己喜欢的事吧。

在这样的人看来，不能做自己喜欢的事，要压抑自己，强迫着自己在不喜欢的事上一直努力着，一定没有一天是想去上班才去公司的。但是在公司工作得又很认真，觉得只要比别人都努力一定会有好发展，获得较高地位。如果度过了这样的一生，那么他现在获得的地位就是他的整个人生呀。在获得地位之前的过程中他是没有人生的。他的人生可以说作为努力的结果，全部会集在了现在的地位里。

▲"必须要做点什么"的想法会让感觉变得沉重

虽然我们刚刚说到他们会自我压抑，不去做自己喜欢的事。其实对于这样的人来说，没有什么是喜欢的事，这是非常不幸的。他们自己也许会觉得"还不如去做喜欢的事"，但是若问他们喜欢的事是什么，可能大多回答不上来。

这些人和具有抑郁症病前性格特征的人的工作方式、感受方式是相同的。对于具有抑郁症病前性格特征的人来说，"想做什么"的欲望是稀薄的。对于他们来说"必须要做点什么"的规则意识比"想做什么"的欲望要强得多。

也就是说，具有抑郁症病前性格特征的人也许会为了获得某一地位而工作，而不会想要工作才工作。他们就算是有想要工作的欲望，对工作本身也是没有兴趣的。

他们是因为不得不工作才工作的。实际上，正是因为他们不确定自己的欲望，所以才不得不让自己投身于工作。

每一天不管做什么都觉得不顺心，需要用意志力来压抑自己烦躁的内心，需要花费很大的力气才能从家里走出来去上班。这种不情愿的工作态度当然不会换来巨大的成功。

但是有时用坚强的意志压抑住自己，有时强拉着自己认真地工作，也会到达一定的地位。他们之所以能够用意志压抑住自己的内心，也是因为其内心并没有明确的欲望。或者说跟欲望相比，规则意识过于强大了。他们没有一天是心情愉快的。如果是在做喜欢的工作，那么心情也会变得轻松许多，但是没有明确欲望的人，每一天都会过得很沉重。

每时每刻，他们都为了压抑自己心中不安的情感与紧张而工作着。大概没有一天能够睡得踏实，一早起来就开始叹气，没有食欲的时间占大多数。在这样的环境中，他们不得不用尽全身的意志力去完成自己的工作。他们从头到脚都是靠意志力支撑着在工作，从刚入公司的新人到主任再到组长，不断地努力着。

结束工作回到家会累得浑身都软绵绵的没有力气，但是尽管这么累了还是无法睡个好觉，用疲惫的身体继续去上班工作。总之，是意志力在支撑着他们。人在疲惫的时候就会变得易怒，发怒后又会后悔，但还是会继续感到烦躁。

情绪的起伏之所以激烈，是因为总是在忍受着心里的不安。他们也许会很容易变得兴奋，但是会渐渐失去对工作本身的兴趣。并且，工作的持久力也会逐渐减少，可能还会感觉到体力的衰退，会很容易感到疲惫。

▲休息日也不能休养生息是因为讨厌工作？

休息日也是一样。

如果喜欢公司的工作的话，休息日就能够用转换心情的想法去放松自己。例如和朋友一起去登山，重新振奋自己的身心。

但是对于讨厌公司的工作的人来说，休息日会如何度过呢？

尽管是休息日，但是一想到明天的工作就会感到心烦气躁。因为没有能够顺利解决问题的自信，所以就算什么都不做也不会感到轻松，反而是越来越沉重。因为没有自信，所以心情无法得到放松，十几年间的休息日都会有像考试前一日那般的心情。

休息日对他们来说绝不是身心的放松。简单点说，对他们来说每一天都是艰难的，每一天都是疲惫的。

工作结束后和朋友去喝一杯的时候也是一样，他们觉得自己不能把时间用在这种事上，总觉得被什么东西催促着。他们从来都没有用放松的心情，用解放自己的心情去和朋友们畅饮过。

　　无论到哪里，做什么，只要是与工作无关的事，就会让他们心神不宁。

　　而且他们还讨厌公司的工作。也就是说他们只有在做自己讨厌的事的时候才能感到有一刻的平静。朋友邀请他一起去喝一杯的时候，他们会觉得朋友很适合正在做的那份工作，朋友比自己有能力得多，自己所做的工作和朋友的相比不值一提。

　　就算他们明白自己不适合现在的生活，也没有更换工作的勇气，更没有机会。直白点说，并没有适合他们的工作，所以没有办法改变。如果想要换工作，就需要现在的工作给他推出去的助力和另外一边拉扯他的助力。如果只能感受到将他推出去的力，那么该换什么样的工作，该去哪儿他则一概不知。这样的话就只能停留在现在的公司里。

　　这种时候，大概他们会过一天算一天，不去想明天的烦恼。

　　但这又是不可能做到的。公司里和同事或是领导稍有一点口角便会在他的脑海里挥之不去，不停执着于没什么意义的意见相左。和他发生口角的人可能已经忘了这件事，他的心却会被无止境地扰乱。

　　人生真的是充满了讽刺。做着喜欢的事的人，或者是对工作有自信的人，出去旅行或是喝酒都是休养。

但是，没有做着喜欢的工作，或是对工作能力没有自信的人，这些行动不仅不是休养还会带来不安。

也许他们也曾无数次想道："哎，算了吧，不出人头地又怎么样，不如做点轻省的工作，轻松地过完这一生算了。"

世界上并不存在对任何人来说都算是轻松的工作，但是他们却觉得有这样的工作存在。于是他们会希望做着这样的工作，画喜欢的画，就算贫穷也没有关系，想过不要让自己那么紧张地生活。不需要社会上的地位，更希望有轻松的心情，能够安稳地生活，他们大概也曾无数次这样想过吧。

但是，最终他们还是会回到现在的公司里去努力工作。这是因为他们并不真的喜欢画画。随着他们一点点晋升，迎来的每一天每一刻都是内心紧绷的、对未来感到烦躁的生活。对于他们来说，每一天都是不愿意回忆的，每一刻都被不安缠绕着，强行面对着工作。

他们听到音乐也不会感动。为了地位、金钱而付出行动以外的时间，都不能让他们感到平静，所以听音乐对他们来说一点儿用也没有。

▲喜欢工作的人能够通过工作得到解放

他们的每一天都是不愉快的。他们的人生中没有一刻是能够放松心情、享受自由的。

每天要去上班这件事对他们来说就是极为不愉快的事。他们未曾有一次开开心心地去上班。就算手上的工作进展得还算顺利，他们也会马上开始担心起下一份要做的工作。

如果是对工作感兴趣的人，那么工作的时候就不会是不愉快的，并且在成功做完一件工作时能够享受到成就感，和伙伴们一起去喝的庆功酒也一定是美味的、酣畅淋漓的，并且对接下来的工作会更有盼头。

但是比起想做的欲望，秉持着不得不做的规范意识去完成的工作，在做完一件的时候只会感到肩上的重负稍微少了一点，同时又会陷入对下一个要做的工作的担忧之中。

规范意识过于强大的隐性抑郁症患者的工作生活大概就是上述这个样子。

我认为造成抑郁症病前性格的执着型性格的主要原因有三。

第一是过低的自我评价及自我压抑，第二是强烈的依赖心理所产生的欲求不满以及对欲望的压抑，第三是对攻击性的压抑。当这些东西会聚在一起的时候，就会产生抑郁症的病前性格。

为了在自我中平衡以上这些矛盾，就不得不强化"必须要做点什么""应该要做点什么"的规范意识。

因此，规范意识的强大化可以视为一种在丧失自我的过程中找寻平衡的产物。

3

▲

7

实现新的自我从脱离父母开始

▲为什么会陷入绝境？

我们再来一起分析一下，一边对自己感到失望，一边又拼命工作的人的心理。

他们对自己感到失望，明明不想工作，却为何又要付出比别人更多的努力呢？明明比任何人都觉得工作痛苦，为什么又要做比别人多得多的工作呢？到底，这个矛盾是从何而来的呢？

在完形疗法〔完形疗法（gestalt therapy）由美国精神病学专家弗雷里克·S.皮尔斯博士创立，又称为格式塔疗法，是自己对自己疾病的觉察、体会和醒悟，是一种修身养性的自我治疗方法。〕中，将进退维谷的状态称为绝境（impasse），指的是两个以上的矛盾项互相纠缠碰撞，又无法从中脱离出来的状态。

在《自我实现的再决定》（M.&R.古尔丁等著，日版深泽道子译，星和书店）一书中，如此解释了绝境的原因："……一连的绝境来源于，患者小时候接受的各种各样的信息和他以此做出的种种决定。"

并且人们意识不到自己还在按照小时候所做出的决定在行动。

他们在很小的时候，一直期待着自己能够变得更强、更优秀，他的父母也期待着他能够更努力。他从父母那里接收了要拼命地努力工作、争取出人头地的信息。并且他为了让父母高兴，也下定决心要拼了命地努力工作。

让父母高兴是善行，这也正是他的快乐来源。得不到父母的认可即是恶,这会让他感到不愉快。如果他没有得到父母的认可,就会对自己感到不快。

我认为,父母传达的信息越是激烈,这种愉快与不快也会愈加强烈。

"……并且自己意识不到,到了五十五岁依然在为了让父母高兴而努力地工作着。然后他在五十五岁这一年,决定要稍微让自己放松一点,过得悠闲一点。……但是他刚刚放慢脚步,想要放松一下的时候,就开始感到头疼,或是在打算开始打打高尔夫球的时候,一天就打了36洞,让自己疲惫不堪。就算要去黄石公园钓鱼放松一下,也会天还没亮就起床,打算一天就把公园溪流里的鱼全部钓上来一般到处奔跑。他至今为止还在服从着过去'父母'传达给他的信息,例如'要拼了命地工作''要努力''要成功'等诸如此类,所以他会想要'做好每一件事'。他至今为止还处在绝境的状态之中。"

先前所说的这种人,在成年后仍然无法逃脱幼年时的决定,仍然处于绝境状态之中。也就是说,每一天都做着讨厌的事,却付出多于别人两三倍的努力的原因在于,绝境的状态还没有解决。

▲如何理解父母传递的信息?

不去做自己想做的事,而在自己不想做的事上面不断努力的原因，大概就是小的时候接受了父母传递的"拼了命地去工作、去努力"的信息。以这条信息为依据做了决定，并按照这个决定去行动的同时，又会不断增强这个决定的力量，而父母传递的信息也在他的心里越刻越深。

每次按照这个决定去行动的时候，都会将自己与这个决定越捆越牢。在这样的行动中，会不断加强所接受的信息对自己的意义。

父母的信息不仅仅是"拼了命地去工作、去努力"，也会有诸如"不许像个孩子"的禁止命令。

"……这样的话可能会让他决定'我再也不会像小孩子那样玩耍了'。……他努力地工作，几乎没有玩的时间，就算在玩的时候，也无法像没有接受过这种禁止命令的成年人那样回归童心地自由自在地玩耍。"

将这样的禁止命令内化的人，休息日也无法转换心情。正如先前所提到的那样，就算是休息日也会觉得休息不能让自己静下心来，只要一想到明天的工作就会变得烦躁。十几年的休息日过得都如同考试前一天一样紧张，是因为幼年时所接受的信息及因此做的决定带来的结果。

工作结束后和朋友去喝两杯的时候，会生出不能做这种事的心情，感觉总是被什么催促着一样，也是因为内心中存留的小时候接受的父母传递的信息过于强烈了。"不能玩"的禁止命令，与因此而产生的决定，使得自己在成年后和朋友一起喝酒也不会感到放松与解放。

他也希望自己至少能过一天不去烦心明天的事的日子，但是做不到。这是因为他无法认可喝着酒撒欢的自己，因为在很久以前就塑造了不愿意认可这样的自己的信息与决定。

他们的父母瞧不起爱喝酒的人，觉得爱喝酒的人是"一群傻瓜"，而他们自身也没能从父母传递来的这样的信息中脱离出来，并且为了让父母感到高兴，他们自己也做了同样的决定。

能画喜欢的画，就算贫穷也没关系，想要过轻松一点的生活，这些他们都是做不到。这是因为，比起现在的这种愿望，曾经的信息和决定的影响力更胜一筹。正如先前所写的那般，最终他们还是会留在公司里努力工作。

M先生也是一直被这种幼年时期的信息所支配着，所以最后不得不用自杀这种方式结束了自己的人生。

M先生的无自我价值感，到底是从什么时候开始的呢？虽然我不知道确切的日期，但我相信M先生一定曾经从哪里接受了这样的信息。于是，M先生便一直孤独地自认为自己是一个没有价值的人。从那以后，他就一直怀揣着这份无自我价值感继续生活着。

"……自己是'生而如此，一直如此，总是如此'，认为自己没有价值的人会这样说。这种感受其实是来自父母的禁止命令，以及因此而生的自己早期的决定，但是他们意识不

到，相反地，他们认为这对自己来说是理所当然的，是天生的。"（同前书）

他们一边接收着你不行、你不重要的信息，一边又被命令着你要拼死地去工作、去努力，以此生成的决定，让他们进入了进退两难的境地。有些人每天都过得不快乐，却又每天在学校或公司付出比别人多得多的努力。这正是绝境。

▲不改变自己便无法获得真正的安心与满足

这样的人所需要的正如先前那本书的书名一样《自我实现的再决定》。必须要做的是与曾经的环境和曾经的自己的再决定，以及意识到是曾经的那些塑造了现在的自己。要知道，如今自己如此一筹莫展的原因正是自己本身，而不是其他。

"我绝不会再被践踏"，首先要做出如此决心。如果不能拒绝别人再践踏自己，那么什么也不会开始。不允许别人再占有自己，首先要对自己这么发誓。

无法改变的人大多是对幻想持有执念的人。幻想着服从自己心中的"父母"才是最安全的，所以无论到何时也获得不了真正的安心与满足。那些变得不幸的人会在可以展示自己的弱点的人面前也隐藏自己的弱点，却在不能对其展示自己的弱点的人面前将自己的弱点夸张地展示出来。这完全是来自觉得和这些人在一起自己才是安全的这一幻想。

想要去占有他人的人，心底积聚着敌意与恐惧。而那些活得不幸的人，却会在这样的人面前夸张地展示自己的弱点。

有时隐藏自己的弱点，有时又夸张地表现自己的弱点的人，是自己没有接纳自己。明明自己都没有接纳自己，却希望别人能够接纳自己。

如果对自己感到不愉快，那么别人也会对你感到不愉快。所以首先要从喜欢上自己开始。连自己都憎恶的人，也不会得到他人的爱。明明自己都憎恶自己，别人又怎么会爱上这样的你呢？

能够改变自己的只有自己。美国的一本心理学书中有过这样一段话："You are the only one who can transform you."

能够改变你的，只有你自己。

自己对自己感到不愉快，完全是自己的选择。接受了只能占有孩子，而不会爱孩子的父母传递的信息，而觉得自己毫无价值，也全都是自己所做的决定。正因如此，这一次要从自己开始去选择让自己感到愉快的感受方式，这是理所当然的吧？

▲信赖自己与他人——新的自我实现的方法

有一个词叫作"不安期待"。这是维克多·弗兰克尔等在实存分析中对焦虑症做说明时经常用到的词语。它的意思是说，例如失眠的人，夜晚要睡觉的时候，就会担心自己会不会睡不着而变得不安，不安期待就是对一种障碍所产生的不安的期待。

失眠的人会一直紧张地去要求自己赶紧睡着、赶紧睡着。更进一步地说，他们会期待自己能进入深度睡眠。弗兰克尔将之称为"过度的意图和注意"。

那么，为什么意图和注意会变得过度呢？为什么要如此小心翼翼地希望自己赶快睡着呢？我认为这也是小时候接收到的"拼命努力"的信息还在支配着已经成年了的这个人。

所以他要拼命地睡着，他会拼命地放松自己，他会努力去做爱，他会急功近利地去玩耍。他还是在服从着小时候父母传递给他的信息，以及按照因此所做的决定在生活。他无论何时、无论做何事，都强烈、急躁地拼命努力着。这种拼命，是无法让自己获得解放的。

什么事都要抢先，是混日子过的人的特征。不会混日子过的人，会活在"当下"。混着日子的人，或许正因为日子都是混着过的，所以会特别焦虑。

重申一次。焦躁、焦虑的原因，是混日子所带来的不安，不安精神症患者都不具有人类基本的"信赖"感。

〝無理をしない〟つき合いで「焦り」は「安らぎ」になる

第四章

"不勉强"的交往
就能化"焦躁"为"稳"

4

▲

1

不要错误解读别人行为的意义

▲误解来自情绪的不成熟

不幸的人中有很多人惯于误解他人的行动。

例如，自己的朋友没有邀请自己而是请别人一起去海边玩，便会误以为朋友可能是不喜欢自己。总是说谁都不爱自己的人，常常会误解他人的行为。

举一个最单纯的例子。小孩子拒绝了和父亲去散步，说自己想要和母亲一起去，这并不代表孩子讨厌自己的父亲。或者换个更明白点的例子，父母离婚了与孩子分居，这不代表父母不爱孩子了，觉得孩子可爱的心情是不会改变的。拒绝了妻子的邀请而去和公司的同事一起打高尔夫，也不意味着丈夫就讨厌妻子。

另外，孩子没有从事父母所期望的职业，并不代表孩子就讨厌父母。父母双双都是医生，希望孩子也能进入医学部，但孩子拒绝了这种要求选择了经济学部，和孩子讨厌父母完全是两码事。

但是世上的父母经常会错误地解读这种事。看到孩子拒绝了父母的提议，就误认为孩子已经不爱父母了。父母如果是这样的情绪上不成熟的人，孩子也会变得容易误解他人的言行。

寄给我的问询信件中最多的烦恼，就是这一类的烦恼。

比如，自己从大学的经济学部毕业后进入了一家商社，但是，身在国内的父母希望自己回国继承家业。虽然自己认为能从事适合自己的职业很重要，但是又不能背叛养育自己的父母。这一类的咨询信件实在是太多了。

首先这样的人最决定性的错误是，将不继承家业而去做自己想从事的行业解读为对父母的背叛。每每看到那些一脸认真地说"我不能背叛父母"的年轻人，我都会想这是父母本身的不成熟在孩子身上的表现。

▲不去附和别人的期待并不是一种"背叛"

拒绝父母给选择的发展方向，选择自己心仪的发展方向，这并不是对父母的背叛。为什么人会做这样愚蠢的解释呢？是因为父母觉得孩子这种行为是一种背叛。首先父母内心有很深的依赖感，所以会觉得孩子的这种行为是一种背叛。同样孩子也对父母有着很深的依赖性的要求，所以会受到父母的影响。简单来讲，就是父母与子女都还很幼稚。

我朋友的父亲没有上过什么学，凭一己之力创办了一家印刷公司。他的父亲希望孩子能够继承这家印刷公司。因为创办这家印刷公司花费了他很多的心血，所以想要孩子继承是可以理解的。但是我的朋友拒绝了他父亲的期望，选择就职于一家大企业。

终于他成了科长，但是他的父亲还是会对他说："差不多该回来继承家业了吧。"而我这位朋友也会对自己的父亲说"不"，继续埋头于科长的工作。

我曾和这对父子一起吃过饭。两个人都是非常直爽坦率的人。孩子很尊敬自己的父亲，父亲也以儿子为荣。父子俩人的相互关爱与关心，让在场的我十分感动。我当时就想："真是对很棒的父子。"我认为这才是身为男人的父亲与身为男人的儿子的理想的亲子关系。

但是同样的事，如果发生在极度幼稚的父子之间就会成为惨剧。父子的心里都怀有极深的依赖性的要求，希望通过一体化来支配对方，那么会变成什么样呢？想要通过一体化将自己的感情施加给对方，并"确信"这是一种爱。

这样一来，一旦对方拒绝了自己的期望，就会将之解释为对自己的背叛。孩子也会认为拒绝父亲的期望就是一种背叛。大多数人是不会背叛的，所以会谋杀掉自我、过上欲求不满的一生。

因幼稚而造成的悲剧在日本实在是太多了，当然同样的事在美国也有许多。

这是一个在美国心理学书籍中出现的例子。

爷爷创办了一家药店。父亲继承了药店。父亲希望儿子也能继承药店，但是儿子觉得自己好像更适合其他职业。于是他大学毕业后尝试了很多种职业，不过进展得都不顺利，最后他绝望地回到了药店。

父亲觉得儿子终于醒悟了，感到很开心，认为让儿子经营药店的决定是正确的。父亲觉得他比儿子自己还要了解儿子，为此感到得意。

但是在药店工作的儿子实际上觉得自己很惨，他绝望了，去做了心理咨询。通过心理咨询，他发现了自己内心的恐惧。也就是说，他觉得在药店以外的事业上获得成功是对父亲的背叛，他恐惧会因此失去父亲的爱和承诺。他很爱他的父亲，所以为了父亲想要放弃自己的幸福。

心理咨询后，他成了一名成功的会计师。最初，他的父亲接受不了孩子的独立。但是随着他不断对父亲解释，自己想做自己喜欢的事，但他依然爱着父亲，渐渐地他的父亲也就接受了他的行为。终于，他的父亲也向他坦白，实际上自己在儿子的祖父还健康的时候也想过要逃离药店，但是他没有那个勇气。

父亲不接受儿子的独立，以及儿子害怕背叛父亲，都是他们各自心里深刻的依赖性的要求在作祟。

▲由依赖心理产生的误解会招致不幸

由深刻的依赖性的要求而产生的误解已经书写了太多的悲剧，不知道要到何时这样的悲剧才会停止发生。

"谁都不爱我""我是一个被抛弃的存在""谁都不理解我"曾这样想过的人，应该从头开始好好反省一下自己的依赖心理。

这样的人大概从没有认真地想过对自己的幸福负起责任，不过是闹别扭地创造了一个"谁都不爱我"的个人法则罢了。

与你有关的人并没有背叛你，不过是你对那个人深刻的依赖性的要求让你觉得自己遭到了背叛。

周围的人明明是爱你的，只是你内心深刻的依赖性的要求，让你觉得"谁都不爱我"罢了。

42

不要被对方"一体化"而失去了自我

▲就算是相爱的人也会有对立的利害关系

喜欢或是爱，与什么都要一样是两码事。但是，情绪上不成熟的人不明白这个道理，想要将对方"一体化"，并通过一体化来让对方按照自己的想法去做的人也不明白这个道理。

我有一个朋友非常爱他的妻子，但是他又喜欢喝酒玩乐。所以他回到家经常已经是深夜两三点了，有时候甚至是早晨的四五点。如果他连续几天四五点才回家，他的妻子就会不高兴。

有一天我们一起喝酒。大概四点多的时候，他抱着头说："没办法，举着白旗回家吧。"接着又说，"我得老实一段时间了。"

他虽然爱着他的妻子，但并不代表他们对每一件事都有同样的意见。无论怎样的深爱，都可能会有利害关系对立的时候，也会有欲望相互矛盾的时候，所以才会有举着白旗回家的情况发生。

通过将对方一体化来操控对方按照自己想的去做的人，不承认与自己的欲望相矛盾的对方的欲望，不承认对方的利益有时会与自己的期待相反。

如果对方有与自己的期待相反的欲求，那么他就会因觉得对方不爱自己了而感到愤怒。这样的人只会把别人当作自己的延长线。也就是说，他没有形成自己的"自体化"，自己只是自己，他们在感情上没有理解这件事。

没有形成自己的自体化的父母，会妨碍孩子的情绪变得成熟。自己想去海边的时候，孩子也必须想要去海边；自己想要去清除院子里的杂草的时候，孩子也必须这么想。这就如同总是会说"这个好吃吧，快尝尝看""看，漂亮吧，你也看看这个"这般把自己的感情强加给孩子的母亲一样。

在旁观者看来，母亲是在把自己的感情强加给孩子，但是母亲因为觉得孩子是自己的延长，所以不认为孩子会有与自己不同的感情存在，其根本原因是母亲没有形成自己的自体化。

▲"自体化"和"好，加油"才是健全的人际关系的证明

形成自己的自体化，这意味着能够认可与自己不同的他人的存在，意识到互相的期待存在"不一致"。所以无论在朋友关系里，还是恋爱关系中，抑或是亲子关系中，都会有"战争"存在。"好，加油"才是健全的人际关系的证明，竖起白旗回家的丈夫才是健全的夫妻关系中应当有的。只要是战争，竖起白旗承认失败、向对方承认错误，就能控制住场面。然后老实一段时间，就会迎来下一个机会，这是很正常的。

但是，没有形成自己的自体化的丈夫如果是一个家庭的中心的话，整个家就会变得让人喘不过气来，或是完全崩坏。

朋友关系也是，"总是黏在一起"的朋友会很容易闹别扭，或是心生妒忌。谁也不认为连厕所都要一起去的女高中生的朋友关系是一种健全的朋友关系吧，但是"总是黏在一起"的

关系本质上就和那一样。

和朋友关系不同，在有明确的力量悬殊的亲子关系中，就会变成"占有"和"被占有"的关系。一副圣人君子的面孔看起来很"出色"的人，却总是处理不好人际关系也是同理。

就如同不承认在他人的心中有与自己的欲望对立的欲望或利害关系一样，这样的人不承认自己的心中也有着对立的欲望。他们总是会将自己心中不认可的欲望在潜意识中用意志力驱逐出去，也就是说会压抑欲望。总是压抑着自己，就如同便秘一样。虽然说只是如厕的事，但也表明了身体上的不健康。当然，也不是说能正常如厕就是多么厉害的事。

▲不要合理化强迫自我

压抑自我的人总是爱给很多事情合理化。我曾在新闻频道的《人生咨询》节目里看到，一位妻子抱怨丈夫就算去打高尔夫球也要说成："最后还不都是为了你们。"压抑自我的人就会如此，无论如何都不会说是自己想打高尔夫球，他们当然也不认为是自己想玩。

他们无法认可某个不能对家庭产生任何利益的自己的欲望。有些更过分的，把和下属线上的交往也说成是："最后还不是为了这个家。"将这件事合理化为是工作上必要的应酬。合理化指的是把得不到社会认可的自己的欲望，说成能够得到认可的样子。

像这样爱找借口的人，还有一个特征。在没必要征求他人同意的事情上，也要征求他人同意。不会给他人造成麻烦的事，不违反伦理的事，明明可以自己做出决定的事，也要一一征求他人的同意。这种行为其实很烦人。有一种人很爱干涉别人，让人想对他说"你别管我"。这样的人常常也会想要对他说"你自己看着干吧"。

只会黏黏糊糊地交往，或是不留一点缝隙地交往的人，简单来说，都是非常自我压抑且情绪上很幼稚的人。这样的人无法自己判断任何事，无论做什么都要等着别人来教。

家庭暴力的原因有很多，其中之一就是母亲对子女的依恋，这也是一种黏黏糊糊的关系，但绝不是爱。母亲会过度干涉子女也是因为母亲自己的自体化没有形成。

在这样的环境中长大的孩子，会害怕用自己独立的意志去做决定。他们会试图通过黏腻的关系来获得虚伪的安心感，如果不能总是腻在一起就会感到不安。于是学校和职场上就出现了一大批没有自主性的人，对他人施加暴力的孩子依赖心理也很强，当依赖心理得不到满足时就会付诸暴力。

依赖心理没有得到满足的情绪上不健康的人，是治愈的成功率最低的一批人。反之，独立心理没有得到满足的情绪上不健康的人，治愈的成功率则很高，甚至能够达到100%。

也有些人成年后依然在身边建立起很多黏黏糊糊的关系，因而没有发病。但是看到这样的人就会发现，他们不承认他人的自由。

3

从现在开始不要理会"窝里横"

▲因为没有安全感，所以才会错当成爱

依赖心理过强，对外没有办法说出自己的主张，总是不好意思，拉不下脸的人，对家里的人会表现出过于厚脸皮。在公司唯唯诺诺总是提心吊胆的父亲，回到家会展现出"要更多、更多"的自恋型的爱去强迫家人，而家人对这种"要更多、更多"感到窒息。

并且源于丧失自我的"要更多、更多"的心情，会被其本人错当作爱。他的"要更多、更多"的依赖心理若没有得到满足，就会发怒，类似于"我这么重视家庭你们却……"

这样的人不会因为生气就抛弃家庭，因为他们的情绪需要对家庭的依赖。"我如果不是这么为家庭着想的话，也不会这么生气。"他们会如此抱怨自己的不满。

他们不认为自己的不满是来自幼儿时期的"要更多、更多"的依赖心，家人会对他这种"要更多、更多"的错觉似的爱感到疲惫。

孩子会为了回应父亲的"要更多、更多"而努力。于是孩子在因被搅入这种错觉似的爱而感到疲惫的同时，越来越不安。孩子认为无法回应"要更多、更多"的自己是错的，是有问题的。

父母错意为自己对孩子"要更多、更多"的情感是爱，事实上这是一种拒绝。对孩子的拒绝不过是戴上了一张爱孩子的面具而已。

在这样的环境中成长起来的孩子对他人没有安全感，被父母拒绝的孩子没有完成真正的自我统一，他们只会回应父母的"要更多、更多"。自我的分裂就源于此。

回应父母的"要更多、更多"的自己不过是情绪上还很幼稚的自己罢了。只要是还在回应着父母的"要更多、更多"的要求，还为此努力着，这个孩子的情绪就无法变得成熟。

丧失自我的人看上去就是这种在家和在外行动完全不一样的人，但是心理上隐藏的敌意却是一样的，都是消极的攻击。对他人总是小心翼翼，总是过度在乎他人的感受，这之中隐藏着对他人的敌意。如果他人失败了，他的心里其实会悄悄地感到高兴。

在外面胆小怕事，所有事都很谦让，在家却很厚脸皮，什么都想要。这两种看似不同的行为的动机其实是同一种不安，也被称作"撒娇"的特征。"要更多、更多"这样的无限的欲望，实际上包含着非常矛盾的东西。

▲"我自己都不了解自己"，压抑自我的人都是窝里横

像这样窝里横的人，实际上对他人没有明确的"希望这么做"的要求。心里希望家人能一直在自己身边，又希望能远离，他们心中一直存在着两种欲望的冲突，分开让他们感到不适，在一起也会让他们感到不适。不过，他会觉得被疏远很痛苦，所以禁止家人离开他，而在一起所产生的不快感，会让

他一直唠唠叨叨。他会牵强附会地给唠唠叨叨的内容合理化，所以无论何时也不会感到心情愉快。而且他一开始唠叨，就会唠叨到深夜两三点。

"我们家的那位，一开始唠叨就要唠叨到夜里两三点。"有位太太这样抱怨。我问她："他在公司是什么样的呢？"太太回答说："好像是模范员工，所以我找谁去抱怨，别人都认为是我不好。"

在《电话人生咨询》中常有这样的太太前来抱怨。因为一句回答的方式惹丈夫不高兴了，就被唠唠叨叨到深夜，确实很消磨人。

这种时候妻子不能对丈夫说："怎样都好，你就按照你喜欢的方式来吧。"因为他本人就算想要按照自己喜欢的去做，也没有办法按照自己喜欢的去做。他们没有"想这么做"这样明确的想法，所以就算被说按照自己喜欢的来，也不知道该如何去做。这时候又会开始抱怨别人，太冷漠了，真是利己主义，等等。

内心里有两样东西在不停地产生冲突，所以"自己都不了解自己"。

像这样的人，只要不明确自己到底在压抑着什么，那么无论到何时，都无法从不愉悦的感觉中逃脱出来。这样的人是压抑了野心，还是压抑了对他人的攻击性，还是压抑了对父亲的敌意，抑或是压抑了对母亲的爱，又或是压抑了觉得自己低人一等的自卑感，无论是哪样，他的心里一定压抑着什么。

4

▲

4

"不强求、不勉强"是构建人际关系的基本

▲去迎合他人不如迎合自己

依赖心理过强的话，就会想要将对方一体化去支配对方，或是勉强自己去迎合他人。

而与人相处的基本原则是"不强求、不勉强"，能够做到这一点的人可以很好地处理人际关系。但是，依赖心理很强的人要不就是强求别人，要不就是勉强自己。

我们一直都在讨论被强求的一方，现在我们来一起看一看强求别人的人吧。

克服了依赖心理意味着，情绪上是安定的。情绪是安定的意味着，自己会迎合自己，适应自己。应该迎合或是适应的自己是什么样的呢？是能够有"想这么做"这样明确的欲望的自己。

勉强自己去迎合他人的人，总是会感到不自在和疲惫。但是如果没有别人在身边，他也会感到不自在，会很烦躁，静不下心来，不会等待。

没有什么要做的事却感到非常焦躁的话，就说明丧失了应该迎合的自己。不会享受当下，而是总想着未来，为未来感到焦躁，则是因为丧失了自我，也就是丧失了应该迎合的自己。如果他人在迎合自己，说明自己也在迎合着他人。

对他人总是一副善容，总是先为了他人的期待而付出，过度顾虑他人等，都是丧失了应该迎合的自己。所以没有办法只能这么做。对他人的顾虑绝不是源自对他人的爱。

"怯场"也是这么一回事。在他人面前就是会感到胆怯，没办法按照自己想的那样行事，也是因为丧失了应该迎合的自己，或是自我意识稀薄。这样的人丧失了自我，宁愿去迎合他人也不去迎合自己。

越是丧失自我，越是会在意他人如何评价自己，并且想要通过迎合他人来获得认可。这是对他人过度的顾虑，也是一种胆怯。因为缺少对他人的爱而变成过度顾虑他人，所以会感到疲惫。如果是出于爱的顾虑，是不会让人感到疲惫的。

▲八面玲珑的人是在勉强自己

与"不强求、不勉强"相反的，总是勉强自己的典型就是八面玲珑的人。

八面玲珑的人在长时间去顾虑别人的期望的同时，渐渐地丢失了自己的期望。他们在人际关系中过度压抑自己，使得连自己都不理解自己了。真正的自己的感受与他人的感受不同时，因为害怕被讨厌，所以不说出自己的感受，这样下去渐渐地就连自己都不知道自己有什么感受了。如果在人际关系上失败了，就会认为是自己没有很好地察觉到别人的期望。

而事实正好相反，其实是因为他没有说出自己的主张。和没有自己的主张的人相处是一件很无趣的事，因为无法了解到他的本来面目。

八面玲珑的人总是在压抑着自己，并且会错误地判断他人到底在期待着自己什么。八面玲珑的人为了得到周围人的好评，不停嗅探着他人的愿望，并且会牺牲自己去努力迎合，但是结果往往是被周围的人看不起，或是被认为是个没意思的人而避而远之。

八面玲珑的人已经习惯了欺骗性的一体化，所以就算迎合他人，也不会与他人合作去做点什么。他们总是把爱、信赖挂在嘴边，但是自己与他人之间真正的情感交流却很稀薄。

对谁都一副好人脸，并不是因为尊重别人的人格，而是因为害怕被讨厌。对八面玲珑的人来说，被人讨厌是一种挫折。对他人总是一副笑脸是为了避免让自己受挫。对人的顾虑，不过是对自己受挫的危险的顾虑罢了。

八面玲珑的人做的事，有时候表面上看起来很好。但是他们毕竟是在伪装自己，所以没有办法处理好真正的人际关系。他们和他人在一起的时候总是在勉强自己，已经习惯了这样的社交方式。

我有个朋友说和亲戚们喝酒会患上膀胱炎，因为聊得太高兴了，所以会忘了去上厕所。八面玲珑的人理解不了这种交往中的乐趣。

为了做到不强求、不勉强，就要有自己明确想要做什么的欲望，这是至关重要的。这样就不会在外边迎合他人的要求，内心也不会有焦躁了。

不强求、不勉强。这样就能顺利地构建起人际关系。

4

▲

5

强加于人的"亲切"会适得其反

▲一方觉得是"亲切",一方觉得是"干涉"

有的人做的事看起来都挺好,但是人际关系就是处理不好。虽然觉得他是个很亲切的人,却又不太想和他来往。

我们有的时候常常会为别人做点什么,觉得这是亲切的表现。但是受到"亲切"对待的对方没准儿觉得这是多管闲事。就算做的人觉得是"亲切",对方却有可能觉得是干涉,可能会觉得很不自在。施恩于人的亲切,不光不会得到对方的感谢,还可能会让对方觉得最好别管我。

对对方的亲切,如果想要对方感到安心,就需要施予亲切的人自身有自律心。依赖心强的人无论多么亲切,他的亲切都会显示出一种强加于人的感觉。这是因为依赖心强的人,并不是出于爱而对对方亲切,而是出于想要展示自己的力量而对对方亲切。日本人常常没有这种自觉。相反,越是依赖心强、欲望没有得到满足的人,越是会觉得自己的亲切是很纯粹的。

▲行善之人也可能会被讨厌——弥赛亚情结

有一个词叫作弥赛亚情结,指的是具有想要救赎他人的倾向的人的一种情结。其实这也是具有因依赖心理而产生极强的自卑感的人会有的一种情结。

例如那些总是因想要获得感谢而对别人说教的人,试图通过说教来感受自己的重要性。这样的人觉得自己为别人做的是一件好事，对方却可能会觉得无法接受。这种行善的人并没有真的拯救别人，他们做的就像是要通过让对方溺水来拯救溺水的自己一样。

虽然总是做好事，但是人际关系却处理不好的人，非常需要认真地重新审视自己行善的动机。自己隐藏的到底是什么，自己不愿意承认的焦点是什么。如果不认真去追寻这些，那么无论说了多么漂亮的话，做了多么漂亮的事，人际关系还是会处理不好。

在乔治·温伯格写的《顺从的动物》一书中，有下面这样一个例子。

父亲是一位非常学者型的人。他从来不会打自己年少的儿子，而是会一直对他说教让他感到难受，他会把儿子做得不好的地方用心理学上的用语一一指出。

有一天，少年和父亲在公园走着，面对父亲的批判儿子潜意识地说了句："我现在并不想努力变得更好。我们就不能随便聊聊天吗？"然后父亲便沉默了。过了一会儿父亲又开始因为别的事情去攻击儿子，儿子重复了自己的要求。没想到父亲却发怒了，不停地谩骂着，整张脸气得通红，然后第一次打了儿子。

这其实也是一种弥赛亚情结。自卑感强烈的人，不会放任别人不管。只有有自律心，才能做到放任别人不管。自卑感的基础是依赖心理，因为自己无法忍受独自一个人，所以才需要对方。而且，自己必须要站在比对方高、比对方强大的立场上才行。

弥赛亚情结强烈的人，会纠缠对方。说过一次的话，还会来来回回地说，会一直重复下去。普通人会想对他们大喊："放过我吧，别管我了！"

反反复复说教的人，试图通过这么做来强行压制住自己的自卑感。反过来说就是，因为自卑感是没那么容易被压制住的，所以才会那么态度强硬，絮絮叨叨。

温伯格在刚刚提到的书中写道："重要的是，在心理学层面人和人应该是可以交换相互的作用的。"具有弥赛亚情结的人做不到这一点。之所以会这样，是因为他们不是为了对方而说教，而是为了治愈自己心中的自卑感而说教。而作用的交换，只会刺激到自己的自卑感。

▲因自卑而生的"关怀"很烦人

不只是伪善性的建议，在实际的行为上也是如此。一位上班族的妻子家非常有钱，所以他经常请下属吃饭。高档的餐厅或是日式的高级饭庄又或是高级的俱乐部，总之他经常请下属去这些地方，有时候从高级俱乐部出来后还会包车送下属回家。

不管他的妻子家多么有钱都无法再支撑他如此挥霍了。不久他因为欺骗了客户的经理而被内退，尽管他对下属这么慷慨，出事时却没有一个人愿意站出来为他说话。

这个人所做的一切，不过是出于自己的自卑感而付诸的行动罢了。因为自卑感强烈，所以会特别想要在下属面前展示自己的能力。就像是自卑感强烈的学生让爸妈给自己买新出的车型，然后得意地用新车去载女孩子一样。无论为他人付出多少金钱或劳力，这样的人也不会得到他人的尊敬。

有些老师会为学生做很多事，但是有时候学生们会想尽量避开这样的老师。或者是上学时非常照顾学生，但一毕业学生们就像和他没有关系了一样。如果只听他做过的事，或许会想要批评那些学生没有良心，但是仔细调查的话会发现，其实是老师具有弥赛亚情结。

比起想要施恩于人而借人10万元，真正担心对方而借出的1万元反而会更让对方高兴。

一位女性因为太在意周围人的健康而常被人批评。这么听来可能会觉得批评她的人很过分。关注别人的健康明明是一件热心肠的事，为什么会被人批评，被人疏远呢？这是因为她的关心只是为了显示自己对他人来说是个无可替代的人罢了。

为了让自己成为他人眼中的重要的人，于是就装作关心别人的健康。这样的关心是为了逃离自己内心的自卑感，为了增强自己的重要性，目的心太强，并非是真的为对方着想。所以受到关心的人并不会想感谢他，而是会感到很麻烦。

4

▲

6

过于区分"里外"的人很难产生心灵上的交流

▲对依赖心过强的人来说"自立"的意义

我认为人们常说的良心其实有一半都是依赖心理。

自立是一个很好的词，但是对依赖心很强的人来说，自立在感觉上就像是一种背叛，他们理解不了自立实际的内容。

形成自己独自的内心世界对依赖心很强的人来说，就像是背叛了父母一样。虽然没有人会反对自立这个词，但是反对其内容的人却很多，因为他们觉得那并不是什么好事。

有很多孩子都觉得听从父母的一切安排是好事，而对父母有所隐瞒是坏事。但是，形成自己的内心世界就意味着有些事会对父母有所隐瞒。

对父母有所隐瞒意味着，有一些事无须得到父母的同意，只要自己能够认可就可以。认为要对父母言无不尽的孩子，当一件事只有自己认可的时候会觉得不安。能够做到自己认可，自己行动，在心理上就不再需要什么都对父母说了。

什么事都需要父母的认可、保护、支持的孩子，如果不对父母什么都说就会觉得难受。并且，他们认为什么都和父母说是件好事。但是，事实上他只是不得不这样做罢了。因为若没有父母的认可、保护和支持他便什么也做不了，所以才要什么都和父母说。处于这种心理状态下，他就会觉得对父母有所隐瞒是在做坏事。

虽然其本人觉得是在做坏事，但这其实是自己骗自己，他只不过是害怕得不到父母的支持罢了。或者说，没有父母的保护会让他觉得不安罢了。其本人可能把说不说当作是伦理上的问题，实际上只是被心底的不安与恐惧裹挟着。也就是说，他是在将心底的恐惧与不安合理化，而将之定性为"好"与"坏"罢了。

这样的人无法自己支撑自己，因为他们没有自己的内心世界。能够依赖自己的人，心底没有这样的不安与恐惧，所以也就没有必要把说或不说合理化。

最有力的证据就是，什么都要和父母说的人很缠人，总是执拗地追求他人的支持与保护，如果没有得到别人的认可他们就会非常不安。在他人看来，根本不想听的事他们也会说个没完，他们通过没完没了地说话来谋求他人的善意。也就是说，他们什么都会说出来，其实是在束缚对方。这样的人只不过是不把所有的事情都说出来就会感到不安罢了。

这样的人并不是比普通人更讲求伦理，只是比普通人的依赖心更强而已。

▲真正"有良心的人"是什么样的？

一些感觉受到良心谴责的人，其实是被自己的软弱所困，尤其是喜欢炫耀受到良心苛责的人，可能性最高。当然，有些人是真的会感受到良心的谴责。

真正有良心的人是指，对不认识的人也能亲切相待。有些人看似很有良心，实际上他的行为是依赖心理的表现，这种行为在与认识的人或亲近的人相处时更容易表现出来。

有标准的遵从良心行动的人，是真正有良心的人。但是，遵从规则是为了讨好别人的人，不能称之为有良心的人，而应称之为依赖型的人吧。并且，对这样的人来说，来自良心的谴责无非是若没有遵从规则被大家知道了不好办而已。

某人需要获得A的好感，却做了违反A的想法的事。于是他感到良心不安。这样的不安不能称之为良心的谴责，只不过是害怕罢了。

在我们的思考结构中常常会区分"里外"。我认为这并不是一件好事，因为我觉得将"里外"作为思考结构的根本，是一种依赖心理的表现。

对属于"里"的人表现得很规矩，对属于"外"的人则不遵从这种规矩。这可以称得上是一种个别主义吧，也就是里外不适用同一种伦理标准。例如，有些人在旅行时毫不知耻，想做什么就做什么，但在"里"的世界里若做了如此违背伦理的事就会惶惶不安，担心被别人评头论足，所以他们在"里"的世界里总是小心谨慎地遵守规则。

▲**你是否也常分出里外？**

对外边的人越是没有良心的人，有时候对里边的人越容易重情重义。某个出租车司机载了一位客人A，这位客人A指出的路线对自己非常不利。于是司机告诉了A这件事，并选择了一条最合适的路将A送到了目的地。

A所指定的路线既绕远又要上高速公路，对于出租车司机来说走这条路当然赚得更多。几天后，这位出租车司机在公司提起了这件事，其他司机都说他"你真傻呀"，但是这位司机是一位真正有良心的人。

那么，这些司机当中口碑又好又讲义气的人是谁呢？肯定不是这位司机。而是那位用最大的声音说"你真傻呀"的人，他才是这些人中最讲义气的人。

这种事情当然不只会发生在出租车司机的身上，其实在日本的很多职场中都有所体现。我是觉得用出租车司机来举例是最简单易懂的吧。

喜爱区分里外，对"里边的人"容易感受到良心的苛责的人，大多只是在对自己的软弱感到苦恼而已。

4

▲

7

对虚伪的良心敏感的人,对真正的良心反而很迟钝

▲良心——应该是"体谅"与"温柔"

在对外边的人的关系上会感到良心痛的人，一般不是因为依赖心理而是真正会感受到了良心苛责的痛苦。当然，会用外边的人做例子批评别人不符合伦理、仿佛只有自己一人是正义的化身的人，也是心理上有问题的人。

因为里边的人而破坏了自己"应该……"的原则，为此感到烦恼的人，也只不过是害怕失去对方的善意罢了。恐惧与良心是不同的，我认为，良心应该是"体谅"，是"温柔"。

然而，情绪上未成熟的成年人有时也会威风凛凛地活在世上，觉得自己对谁都没有良心上的亏欠。情绪上成熟的成年人，不会有看似威风凛凛的样子，而是以一种更自然的样子生活在这个世界上。

尽管如此，为什么有些人觉得自己对谁都没有良心上的亏欠，而能堂堂正正地活着呢？那是因为他们遵守了父母给予的规范。与其说是遵守，不如说是顺从会更适合一点吧，说得再明白一些，他们不过是父母给予的规范的奴仆而已。

他们没用自己的头脑思考过什么是"应该……"，父母告诉他们"应该是这样"，他们就只是盲从于此罢了。这样的人还没有发展出自我。

假如说父母是心理上有些扭曲的艺术家，他们告诉孩子音乐是好的，这个家里就会孕育出独特的氛围。孩子在心理上依赖父母，觉得父母说好的事物才有价值。如果能够做到和父母心理上的断奶，就能够自己重新思考事物的价值。但是，没有做到心理上的断奶的人，不会去自己思考一件事的价值。

越是在心理上对父母依赖性强的人，越是会认为盲从这种"价值"是件好事，也越是会认为这是最有良心的做法。并且，对于这个人来说，盲从这种"价值"是最让他感到安心的。

▲"他人的麻烦"也变成"自己的炫耀"，不可思议的心理现象

假设这个人开始做音乐，那么他不会认为自己发出的声响可能会打扰到别人，可能不只是不认为，而是会有一点骄傲。

我曾经在音乐院校讲过课。我知道那里的学生会多么努力不让自己的钢琴或是小提琴的声音影响到邻居。首先，他们会在房间里布置防噪音的设备，尽管如此还是要时时注意不要给邻居添麻烦。但是在那所学校里，也有完全不注意这些的学生。他在练习钢琴的时候可以若无其事地让窗户敞开着，就算邻居拜托他把窗户关上，他也一概不听，而且他也没对邻居感到有什么抱歉的，而是一副事不关己

的样子。反而,他不仅用不悦耳的钢琴噪音打扰着周围的人,还会因为别人家里闹钟的声音太大而指责别人。

　　我对这个人产生了兴趣,便稍微调查了一下。果然,他的价值观就是"音乐是好的",而且这是因为他的父母是这样告诉他的。没有完成和父母心理上的断奶的他,对"音乐是好的"深信不疑,所以他认为觉得他的钢琴声很吵的人都是"没有教养的人"。

　　他敞着窗户让自己不怎么悦耳的钢琴声飘扬出去,打扰到了周围备考的学生,他却可以完全不在意。甚至,他可能还觉得自己在做好事,应该得到赞赏。有这种想法的话,能一边给周围的人添麻烦一边还表现出正义凛然的样子就没什么不可思议的了。

　　这位学生给周围的人添了很多麻烦却一点没有感觉受到良心的苛责,不仅如此,自己还很是得意。这个人的脑子里只想迎合父母再无其他了,他没有空去体谅别人,他所有价值的源泉都是他的父母,成为父母所期望的人的想法优先于一切。对他来说,和父母的期望矛盾的事,都是不合理的事。

　　如果备考的学生对这位学生水平差的钢琴声感到愤怒,那就是备考学生的错。只要自己弹钢琴是父母所期待的,那么与之冲突的事物就全部都是错的。所以对于那位备考生,他会觉得"应该多受受教育"。敞开窗户弹钢琴会影响到附近的备考生,却觉得那位备考生"应该多受受教育"，这到底是怎么想的，一般的人可能很难想象。

父母期待孩子会弹钢琴，然而这个孩子只在乎父母的期待。他弹钢琴会打扰到备考生，却认为自己做的事是"好事"。所以，觉得"好事"是打扰的话就说明对方缺乏教养。

▲真正有良心的人会很潇洒

这纯粹是一个自己高兴就好，并且没有和父母完成心理上的断奶的孩子的关于"良心"的故事。这个孩子如果瞒着父母做了些违背父母期待的事，他所受到良心苛责的痛苦甚至会让他产生想要自杀的念头。他会一直受到虚伪的良心的苛责。

这个孩子会认为自己是很有良心的人。如果他和父母撒了谎和朋友去旅行了，他的心会一直战战兢兢的。学生时代和朋友一起去旅行，绝不是什么坏事，也不是应该受到批评的事，但是这个孩子的良心会一直受到谴责。

他对违背父母的期待的事都很敏感，虚伪的良心很敏感的人，真正的良心会很迟钝。这个人的良心其实是依赖心理罢了，对于给他人增加麻烦的事，他反而很迟钝。

真正有良心的人会更潇洒。总是磨磨叽叽的人，实际上并不是因良心而感到痛苦，而是因依赖心而感到痛苦而已。

4

▲

8

不刻意隐藏自己的"弱点"便能建立稳定良好的人际关系

▲总是不能很好地与人相处的真正理由

这是某位患有神经症的人的例子。这个人的父母很爱说些漂亮话，总是对他说家庭的重要性，告诉他父母一直都是为了孩子而活着，主张说这个家的生活都是以孩子为中心。并且他们会猛烈地批判那些把孩子放在家里，只有夫妇两个人出门的家庭；说自己是多么出色，而那些把孩子放在家的人是多么的利己主义，喋喋不休地说来说去。他们常常责备自己家长子的妻子是利己主义者。这位患上神经症的人是这个家里的老二。

但是这两位父母，在长子的孩子，也就是他们的孙子痉挛甚至可能会危及生命的时候，竟然没事人似的出门买东西去了。他们常常批评自己的长子和儿媳："你们那样我孙子真是太可怜了。"但这绝对不是出于对孙子的爱。他们责备别人不过是为了炫耀自己是个多么暖心的人罢了。为了逃离自己的没有价值感，而总说些漂亮话的人有很多。在说漂亮话的时候，可以让他们稍稍缓解觉得自己没有价值的痛苦。

一般都是依赖心很强的人会使用这样的方法来提高自己的价值。又或者表现出自己很痛苦，如你们那么做孩子真可怜。他们通过表现痛苦来使自己相信自己的良心。

某位大学生在入学考试时，因为对坐在他旁边的人虚报了自己出身名校而痛苦了三年。"坐在我旁边的人，可能是听到我出身名校所以动摇了，结果才没能考上大学。"他这么对我说的时候，已经是大三的学生了。

他通过表现痛苦来展示自己是如何优秀。因为和根本不认识的人说了个小谎，他痛苦了三年，但正是这个痛苦了三年的人，可以若无其事地从店里面偷东西，也曾在书店偷过书。如果有因为他的"良心"而感动，于是爱上他的话，那绝对会是一场悲剧。他一直痛苦地想着该如何赎罪，但是又不曾停止偷窃。他试图通过向自己和他人展示痛苦来提升自己的价值，用展示痛苦的方法来克服自我的无价值感。

　　很多人在证明自己的价值上都用错了方法，尤其是那些在心底对自己的无价值感感到痛苦的人。刚刚我们提到的例子中的那种人，无论如何努力也无法处理好人际关系吧，因为他努力的方向是反的，仿佛在向他人要求"请讨厌我吧"一样。

　　像这样的人，首先必须要做的就是，和自己压抑着的东西对决，比如和没有自我价值感对决。如果压抑的东西令自己感受到无自我价值感可言，就必须让自己清楚地意识到这件事，并且弄清楚来龙去脉。"我对他人的言行，到底是想要努力隐瞒什么呢？"要试着这样问自己。

　　这是非常难的事。如果是很简单就能够弄明白的事，就不会去压抑了。但是，如果不这么做，就不会明白为什么别人会轻视自己，为什么别人会不喜欢自己，为什么总是处理不好人际关系。

▲自卑感强烈的人"无法享受任何事"

　　具有深刻的自我无价值感并习惯了现有的行为模式的人，可能不会认为自己处理不好人际关系。

越是自卑的人，越是不愿意承认自己自卑。但是，已经深深沁透自己灵魂的自卑会让一个人无法享受人生。像是鞋不合脚一样的自我不适感很难让人去享受一样事物，只有比人优越这一件事会让他们觉得享受，除此以外的事都无法带给他们快乐。如果是这样的话，就要承认自己有强烈的自卑感。

喜欢看大海，眺望大海时会忘记时间的流逝；喜欢登山，登山时会觉得活着真好；喜欢和狗狗在一起，和狗在一起时会觉得，啊，这就是活着吧；喜欢听音乐，听到美妙的音乐会非常感动……这样数下去会没完没了。如果不能享受活着的各种体验的话，就要想一想自己是不是有很强的自卑感了。

重要的是，自己能明确地意识到自己的自卑。现在，如果你觉得自己总是无法和他人很好地交往，那么就有必要反省一下，自己是否有着强烈的自卑感。

尽管如此，为什么有的人有弱点却能毫不在乎地生活，有的人则会对那个弱点过度反应，甚至于虚张声势呢？

会对自己的弱点过度反应，甚至于虚张声势的人，是在用敌视的目光看待社会及自己周围的人。正因为敌视社会及周围的人，所以才对自己的弱点有过度的反应。如果能够相信别人温柔的目光，人就不会害怕自己的弱点了。

正因为心底压抑着敌意与憎恶，才会那么害怕自己的弱点。总是处理不好人际关系的人，大多是心底怀有不曾被自己意识到的对他人的敌意或憎恶。因为觉得他人会攻击自己的弱点，所以才对自己的弱点那么敏感，结果变得爱虚张声势。正是因为心底对他人深深的不信任感，才会为了保护自己的弱点而变得虚张声势。对他人有基本的信赖感的人，当然没有必要去害怕自己的弱点了。

▲怀有对他人最基本的信赖感

有的人大概由于小时候没有得到母亲充分的爱，所以没能培养出信赖他人的心吧。因为无法信赖他人，就想用胜利来压制别人，从而获得心理上的安定。只因没有一颗信赖他人的心，不比别人优秀就会感到不安。如果不能战胜他人、比别人优秀的话，心理上就无法安定的人，怎么可能处理好人际关系呢？

因自卑而无法与他人很好相处的人，首先要正视自己心底栖息着的敌意，并且要反省自己为什么没有培养出一颗信赖他人的心。如果不这么做，无论怎样在人际关系上努力，也只会适得其反。自卑的人试图通过战胜别人、压制别人来获得心理上的安定，所以容易让对方感到反感。

因为自己有弱点，所以对方会拒绝自己，这是没有一颗信赖他人的心的人的感受方式。想处理好人际关系，就需要建立对他人基本的信赖感，并非要自己没有弱点。

4

▲

9

相信自己的价值便能建立稳定良好的人际关系

▲你是否还在受到父母传递的信息的束缚？

总是处理不好人际关系的人其次要做的事情就是，看清自己哪些行为是源于自卑，并且意识到这样的言行对自己是非常有害的。总是强硬地给予他人建议，最终只会让自己觉得自己是个微不足道的人，只会增强自己的无价值感罢了。

吹牛、炫耀自己有钱、显摆自己有教养……还有很多很多，要分清自己的言行中哪些是以自卑为驱动力的。

那些为了保护自己受伤的内心而做出的防御性行为，只会加深自己的心灵创伤罢了。就像是想要灭火却往火里添柴一样，这么做只会让火越烧越大。

那么，人的无自我价值感到底是从何而来呢？是天生身体弱，被恋人抛弃了，还是事业上的失败，抑或是没能考进第一志愿的大学？不，这些都不是。

而是先有自我无价值感，才会对体弱的自己感到痛苦；是先有自我无价值感，才很难从失恋的痛苦中走出来。失败并不是自我无价值感的原因，而是因为没有自我价值感，才会对失败感到苦恼。

那么，人为什么会心生无价值感呢？原因在于小的时候所接收的信息。对自己来说最重要的人，给予了自己怎样的信息，这会左右自我无价值感的形成。

先前提到的《自我实现的再决定》一书中指出，给予孩子的信息中最致命的一则是"不要存在"。

"这条信息，常常会通过例如'如果没有孩子，我早就和你父亲离婚了'这样微妙的形式传达给孩子，当然也有不是这么微妙的，例如'要是没怀上你该多好。那样的话我绝对不会和你父亲结婚'。有时候这种信息也会通过语言以外的形式来传达……喂孩子吃饭或是给孩子洗澡的时候，总是眉头紧锁一副可怕的面孔……"

我在电台的《电话人生咨询》中把这个问题说给了很多关系不和的夫妻听，说得我嘴都酸了，但是他们往往无法理解。

▲自我无价值感是这样形成的

身为母亲大概只想着自己，完全不考虑这种事会带给孩子什么样的影响，迷信地认为父母都在身边就是孩子最大的幸福，口头禅就是"为了孩子"。

实际上，只是她自己没有离婚的勇气。一想到离婚后的面子问题，就不愿意离婚了。明明是因为怕伤了面子才不离婚，却要说成是"为了孩子"。有太多太多的家庭主妇都爱说："要不是为了这个孩子，我早就离婚了。"

实际上会这样说的人大部分是在说谎。如果真的是为了孩子着想，就维护好夫妻关系，或是离婚。"如果没有孩子早就离婚了""为了孩子才对丈夫的出轨忍气吞声"，这种信息对孩子来说有多么严重，对自己撒谎的父亲或母亲是绝对不会明白的。

孩子会觉得自己是父母不幸的原因。

这种感受方式将不只存在于母子或父子之间。一般来说，人的感受是来自自己的人生或是自己本身。但是接收这样的信息的孩子，会有"要是没有我就好了""自己对他人来说没有任何价值"这样的想法并没有什么不可思议的吧。幼小的孩子在父母吵架的时候可能都会归咎于自己，因为年幼的孩子不理解为什么要吵架。

除了"不要存在"以外，还有各式各样的信息。例如"你不重要"。

"……不允许孩子在饭桌上插嘴，一直教育孩子'小孩就乖乖听着'，或是经常无视孩子、把孩子当傻子，那么这个孩子可能就会把这种信息解读为"你不重要"。

在这样的家庭中，孩子其实是继承了父母的自卑感。

例如，父母很自卑，会对孩子的话过度反应。孩子无心的一句话就可能会伤害到父母神经症性的自尊心。于是父母就会发怒，责备孩子或是嘲笑孩子，又或是憎恶孩子，于是瞧不起他。瞧不起孩子其实只是为了保护自己神经症性的自尊心罢了。

这种来自父母的嘲笑、责备，会让孩子觉得自我没有价值感，觉得自己的意见、自己的想法、自己的感受只会变成嘲笑的对象。幼年时，对自己重要的人总是侮辱自己，会在孩子的心中留下不灭的伤痕,并支配他的一生。

最终,这个孩子会害怕有自己的思考方式。为了不被他人嘲笑,会努力去想应该有什么样的思考方式才是安全的。

▲要知道就算不能做到对他人有用,也有自己的价值!

"不要存在""你不重要"之外,还有"不要成功"。我在阅读美国的心理学书籍,第一次看到"害怕成功"的例子时觉得很难相信。但是,我所翻译的美国精神分析医师乔治·温伯格的书中也常出现"害怕成功"的例子,渐渐地我开始认真思考起这件事了。

我自身曾因为深刻的自卑感而苦恼,所以我想要获得成功,因此当时很难理解"害怕成功"的意思。但是当我开始正视自己的内心,并且阅读了很多病例后,终于明白了确实有一些人的心中有"害怕成功"的恐惧。

也就是说,一面憧憬着成功,一面又害怕成功。这是因为担心成功了可能就会失去爱。

"大富翁游戏中总是让孩子输的父亲,当孩子要赢的时候就会停止游戏,这种行为会被孩子理解为'不能赢我,不然的话我就会讨厌你',渐渐地在孩子心里就会转变为'不要成功'的信息。"

接受了这种信息的人，成年后就会变得很消极。一旦要获得成功，就会在成功前感到畏缩，但是又想要成功。想要成功，想要胜利，但是又不能为了胜利倾尽全力，总是像被什么东西拦着一样，缺乏获胜的强大的意志。害怕被讨厌，所以无法全身心地投入到获得成功上。尽管如此，又比别人更想要获得成功。

一旦快要获得成功就会畏缩、后退，这是因为在害怕被讨厌，同时希望以失败者的身份获得同情。这也是一种撒娇。

觉得自己没有价值，会表现为各种各样的形式。但是，并非这个人真的没有价值才会心生无价值感。

如果不能做对对方有用的事，那么自己对对方来说就是没有价值的，世界上并不存在这个道理。如果不能特意去满足对方的欲望，自己对对方来说就是没有价值的，世界上也没有这个说法。觉得自己不那么做就没有价值的想法，源自幼年时接收到的信息。

你绝不是没有价值的。

事实上，只不过是幼年时在你身边的人，都想要保护自己神经症性的自尊心罢了。

4

▲

10

不恐惧"他人的目光"便能建立稳定良好的人际关系

▲没有必要总是让自己看起来很优秀

对于总是处理不好人际关系的人来说，第三件要做的事情就是，知道因自卑而产生的种种言行并不能让自己看起来很优秀。

压抑的结果就是会错误地判断，人们是如何看待自己的，以及对自己有何期待。自卑有时候存在于人的潜意识之中，无论如何也不承认自己自卑的人，很容易错误地判断别人是如何看待自己的。自己的缺陷，头脑不好、跑得慢、五音不全……这些会带来多少自卑因人而异，但是如果因为自身有这些缺陷，就觉得别人会因为这些缺陷而不接纳自己，完全是错误的判断。例如觉得自己头脑不好而因此自卑的人，会误以为别人都期待他很聪明。

压抑自卑感的人，本质是不承认自己自卑，把自卑隐藏在潜意识中。不愿正视自卑的人，在感到需要证明自己的价值时就要好好想一想了，因为这是你自己在判断他人对你有所期待。实际上他人可能并没有期待什么。如果是这样的话，也就没有必要向他人证明自己是有价值的了。没有被期待却误以为被期待，然后去证明自己的价值，结果只是牺牲了自己。有很多人在觉得他人没有十分注意自己的时候，就会想要向他人证明自己的价值而自我牺牲。

我曾和某位年轻的实业家一起去北陆地方（北陆地方，属于日本地域中的中部地方，位于中部地方北部的日本海沿岸地区。北陆地方包括新潟县、富山县、石川县、福井县四县。）旅行。当时一起参加了朋友的画展和宴会。宴会上有很多北陆地方的人，但是出席的人大多没有听说过这位实业家，所以大家也没有特别注意他。我向周围的人介绍说，他是现在活跃在最前线的年轻有为的董事长。不过大多数人都会问:"真的吗?还真是没看出来。"他甚至被别人叫过去倒酒。本来那场宴会也不是什么需要有身份的人才能参加的活动,他自己也知道这件事,这场宴会需要的只有我的那位画家朋友。他到最后都和大家一起愉快地把酒言欢。

他所有的人际关系都处理得很好。但是这个世界上有很多与他不同的人,总是想向所有人证明自己的价值,这完全是错误的判断所导致的。

有这种错误判断的人,实际上周围的人已经接受他了,他却会觉得大家都不接受他。自卑感强烈的人,甚至会觉得别人温馨的关怀都是对自己的攻击。

▲相信别人,别人才会相信你

这个世界上有些人只有一颗不会信赖他人的心。他们认为人生就是与敌人的竞争,而自己必须要获胜。他们在心底敌视他人,觉得如果竞争失败就会被瞧不起、被拒绝。

人与人的关系中重要的不是优秀或低劣,而是信赖或不信赖。比起害怕自己的弱点,不如去害怕自己那颗不会信赖的心,因为不信任与敌意是被捆绑在一起的。

在心底觉得自己不被周围的人所接受的人,就会想在所有事上证明自己的价值。为了让他人接纳自己,明明没有必要却在所有事上去证明自己的价值,这也是一种错误的判断。

还有的人,明明失败也可以得到他人的认可,却什么事都想要赢。没有必要什么事都去竞争,还是会去竞争。这个世界上有太多人喜欢"无的放矢"了。对敌人开枪,对自己人也开枪,这样一来当然会处理不好人际关系。

明明没有必要夸耀的事请也去夸耀。人们不是常说"骄傲自满如傻瓜"吗。而自满的人,实际上会因为自满而加深自己心底深藏的自己很弱小、不值一提的感受。但是他们在意识层面不会承认这一点,并且会为了否定这一点而虚张声势,这种虚张声势也会反过来加强自己很弱小、不值一提的感受。

虚张声势的动机是自己不值一提的潜意识中的感受,而且这种动机会被他的种种行动所强化。

这个人真的是一个不值一提的人吗,绝对不是。自己拒绝认可原本的自己,这种压抑会在人格上留下广泛的痕迹。

潜意识中对自己很失望,但是不愿意承认这一点,于是去责备他人。酒后说领导的坏话、和同事拌嘴、欺负下属,怀有偏见地看待世界。

这样的话怎么可能处理好人际关系呢?一般人都不会喜欢在潜意识中对自己感到失望并且心中怀有敌意的人吧,因为人们能够感受到他散发出来的失望与敌意。

只要做到我所写的这三件事,人际关系就能"自然而然"地变好。

内 容 提 要

书中阐述了内在不稳的人时而膨胀自满时而自卑沮丧的原因，即被外界因素钳制，无法接纳负面情绪，失去洞察内心需求、化解冲突的能力，从而耗损了自主性和创造性。作者用浅显易懂的心理学知识辅助大众梳理情绪，完成自我整合，成为情绪稳定、自信豁达的人。

北京市版权局著作权合同登记号：01-2020-0604

图书在版编目（CIP）数据

稳：自洽地接住生命中的所有未知 /（日）加藤谛三著；井思瑶译. -- 北京：中国水利水电出版社，2020.2

书名原文：「安らぎ」と「焦り」の心理

ISBN 978-7-5170-8343-6

Ⅰ. ①稳… Ⅱ. ①加… ②井… Ⅲ. ①成功心理－青年读物 Ⅳ. ① B848.4-49

中国版本图书馆 CIP 数据核字 (2019) 第 287802 号

"YASURAGI" TO "ASERI" NO SHINRI
Copyright © 1996 by Taizo KATO
All rights reserved.
First original Japanese edition published by PHP Institute, Inc., Japan.
Simplified Chinese translation rights arranged with PHP Institute, Inc., Japan.
through CREEK & RIVER CO.,LTD. and CREEK & RIVER SHANGHAI CO., Ltd.

书 名	稳：自洽地接住生命中的所有未知 WEN: ZIQIA DE JIEZHU SHENGMING ZHONG DE SUOYOU WEIZHI
作 者	（日）加藤谛三 著　井思瑶 译
出版发行	中国水利水电出版社 （北京市海淀区玉渊潭南路1号D座　100038） 网址：www.waterpub.com.cn E-mail: sales@waterpub.com.cn 电话：（010）68367658（营销中心）
经 售	北京科水图书销售中心（零售） 电话：（010）88383994、63202643、68545874 全国各地新华书店和相关出版物销售网点
排 版	北京水利万物传媒有限公司
印 刷	北京东君印刷有限公司
规 格	146mm×210mm　32开本　7印张　172千字
版 次	2020年2月第1版　2020年2月第1次印刷
定 价	48.00元

凡购买我社图书，如有缺页、倒页、脱页的，本社发行部负责调换
版权所有·侵权必究